多変数超幾何函数
ゲルファント講義1989

ISRAEL M. GELFAND
1989

吉沢尚明[監修]
野海正俊＋梅田亨＋若山正人[編著]

日本評論社

まえがき

Israel Moiseevich Gelfand (1913–2009) は，その独創性と広汎な視野によって知られる 20 世紀最高の数学者の一人である．1989 年の 3 月 15 日から 4 月 14 日にかけての一ヶ月の間，Gelfand 教授は国際高等研究所及び京都大学数理解析研究所共同の招聘で来日し，主に京都に滞在された．京都，名古屋，東京でそれぞれいくつかの講演をされたが，本書は，そのうち特に多変数超幾何函数にかかわる京都に於ける連続講義を中心にまとめたものである．本文に見られるとおり，超幾何函数の一般化は教授の長年に亘る夢でもあり，来日はその実現のまさにさなかに於いて叶ったものであった．現在から振りかえってみても，そのような講義に直接触れることができたのはまことに得難いことであり，日本の数学界にとっても大きな意義をもつものであった．その講義録を出版することは，単に記録的な意味以上に，Gelfand 教授の生き生きとした数学の一端に接する機会を提供するという意味でも少なからぬ価値があると信じる．

また，日本滞在中には京都大学に於いて，名誉理学博士の称号が贈呈された．その時の記念講演の記録もここに収録した．連続講義の補いになると共に，一般聴衆にも判る形で Gelfand 教授の考えが述べられている点で興味深いものであろう．

実際の講義は四半世紀前に行われ，その講義録の出版が今に至ってしまったのは，まことに遺憾ではあるが，その一方，今なお価値ある講義の記録が残せることになったのは，この作業にあたったものの喜びであり，読者のご理解をいただければ幸いである．

Gelfand 教授が来日された 1989 年は，世界情勢の面からも恰度大きな転換期であった．それ以前にはソビエト連邦から出ることも殆ど許可されず，招聘には現在からは想像しがたいほどの困難があったという．併せて記憶にとど

めておきたい．ベルリンの壁の崩壊 (1989)，ソ連邦の解体 (1991) に伴って，旧ソビエトの数学者の多くはアメリカなどに流出した．Gelfand 教授もアメリカに拠点を移し 2009 年 10 月 5 日に逝去されるまで，精力的に研究を続けられた．

なお，本書の刊行にあたって，Gelfand 教授の講義と講演の記録をこのような形で出版することをご快諾くださった Tatiana 夫人には，感謝の意を表わしたい．

2016 年 3 月

編著者一同

目　次

まえがき　　　　　　　　　　　　　　　　　　　　　　　　　　　i

第 1 章　超行列式について　　　　　　　　　　　　　　　　　　　1

第 2 章　多変数の超幾何函数 I　　　　　　　　　　　　　　　　　21

第 3 章　多変数の超幾何函数 II　　　　　　　　　　　　　　　　35

第 4 章　多変数の超幾何函数 III　　　　　　　　　　　　　　　　55

第 5 章　科学における数学者の役割　　　　　　　　　　　　　　67

◇　　　　　　　　　　◇

第 6 章　経歴と研究について　　　　　　　　　　　　　　　　　81

第 7 章　ゲルファント先生の来日　　　　　　　　　　　　　　　89

第 8 章　講義録の編集を終えて　　　　　　　　　　　　　　　　97

あとがき　　　　　　　　　　　　　　　　　　　　　　　　　107

◇　　　　　　　　　　◇

付録　　　　　　　　　　　　　　　　　　　　　　　　　　　109

　付録 A　ゲルファント (若山正人)　　　　　　　　　　　　　111
　　　　『数学セミナー』2002 年 4 月号特集「数学の語り部たち」より

　付録 B　ゲルファント (野海正俊)　　　　　　　　　　　　　121
　　　　『数学セミナー』2010 年 5 月号特集「現代数学に影響を与えた数学者」より

◆第1章◆ 超行列式について[*1]

　この二三年の間，私は何人かと一緒に超幾何函数の理論にかかわって
きました．今日お話しする「超行列式」(hyperdeterminant) も
含めて，この間手掛けたことの殆ど，その 90 % が何らかの意味で
超幾何函数に結びついたものです．これからも何度か繰り返し話
すことになるかと思いますが，何故超幾何函数をやるのか——そ
の理由からまず始めさせていただくことにいたしましょう．

　解析学の普遍的な概念を確立すること，ご承知の通りこれは，20 世紀の前
半以来，多くの数学者が目標としてきたことです．実解析，Banach 空間や，
Banach 環・ノルム環等々——といった様々の理論もそのような観点からの成
果でしょう．しかし，解析学は見かけほど単純でもなく，簡単に囲い切れるも
のではない．包括的な理論を展開しようという試みのその度毎に，解析学は
そこから逃げ延び，生きながらえてきました．一般的な理論の研究は，対象
を'殺す'ことから始まるとも言えるわけですが，解析学の息の根を止めるこ
とはできない．実解析的手法で仕留めようとした後も，解析学は生き延びてき

[*1]1989 年 3 月 20 日 (月) 14:00 – 16:00

ました．そして Banach 空間や核型空間等々 . . . これらの理論もそれ自体で
発展し，今や解析学そのものからは離れて独立した研究対象となってもおりま
すが，それでも解析学本体の方は，相変わらず生き延びているのです．今日で
は，もっと現代的なホモロジー代数の一般論，これもまた素晴らしいもので，
その観点から解析学をやることも進んでいます．

　いつの頃からか私は，もうちょっと本物の解析 ('real' analysis) をやらなく
てはいけないと思うようになりました．言ってみれば，解析学は物理みたいな
所があるものです．物理もまた，何かの物理理論ができるとその度毎に予想も
しなかったようなことが見つかるわけで，そんなことになるとは誰も予言でき
ない．同様の意味で，我々もただ次のステップを，解析をやるためにやる．解
析学のなんたるかを研究するのではなくて，ただ解析学をやるために (just to
'do' analysis)．

　私の古くからの夢 . . . . . 超幾何函数は，Gauss によってなされたことの
中でも，最も独創的な業績の一つであったと思っています．彼の時代に於ては
知られていた特殊函数の殆ど全てが，超幾何函数の特別な場合です．Gauss の
超幾何函数以後でも，数多くの理論がそれを出発点として出てきています．微
分方程式のモノドロミーの理論も，この例から興ったものですし，保型函数の
一番おもしろい部分もここからきていると言ってよいでしょう．表現論をやろ
うとするとき――これもある意味で解析学ですが――2 次元の場合なら，その
群の表現論は，Gauss の超幾何函数を用いて非常にうまく記述することができ
ます．これは，2 次のユニタリ群 $SU(2)$ の表現の行列要素が丁度，Gauss の
超幾何函数である Jacobi 多項式になるとか，そういう事情によるわけです．
しかし，もっと一般の場合へ行こうとすると，もはや Gauss の超幾何函数ほ
どよく理解された函数はこの世の誰も手にしていない . . . . .

　そんな，もっと一般の超幾何函数も望み通り定義できるはずだと，それでも
この 20 年か 25 年の間ずっと私は信じてきたのです．どういう訳かというと
. . . いやいや，それはたったひとことで言い尽くせるようなものではないの

です.

Gauss の超幾何函数の非常によいところは，多くのものがその中に集約されている点です．様々の異なったものがこの観点に集約している．多変数の場合にも，これは次回からの超幾何函数についての講義でお話ししようと思いますが，様々のものが，実は一つの非常に単純な定義に密接に結び付いている——ということがわかります．そこから振り返ってみると，多くの古典的な対象が，この超幾何函数の，一般的で非常に単純な定義に適合していることが理解できるのです.

非常によいものになり得たのは，それが実際，解析学者によって発見されたからです．解析学者というのは，解析学の感覚というか，ほかにはない独特のセンスをもっている．これは，フランス人が le grand géomètre と呼んだものです．ここで幾何学者というのは，私の考えでは，Darboux や Poincaré といった人たちがそうであったように，正真正銘，幾何学をやるのにも解析の感覚を備えている人のことです．「観念」ではなくて「感覚」をです (not the conception but the feeling).

この一般化された超幾何函数の研究には Appell や Lauricella やその他多くの超幾何函数も含まれています．最も一般的な定義は . . . ある意味ではこの定義は，我々の "Generalized Functions" の第 5 巻 (1962) の中にもありますが[*2]，当時の私はまだ，それが最良のものであるという自信がなかったのです．このような中，一般化された超幾何函数の研究を実際に行った特筆すべき論文が現われました．1977 年の青本氏の重要な仕事こそがまさしくそれです[*3]．その定義も非常に単純で，1 次函数の冪積の積分で与えられる函数——というものです.

これからお話しする「超行列式」は一般超幾何函数の理論のごく一部分で，

[*2] I.M. Gelfand, M.I. Graev and N.Ya. Vilenkin, Generalized Functions Vol.5; Integral geometry and representation theory (英訳 Academic Press, 1966), Ch. II, 3.7, pp.131–132.

[*3] Sci. Papers of Coll. Gen. Edu., Univ. Tokyo **27** (1977), 49–61.

その理論の中で用いられるものですが，この部分だけを切り離して説明することができます．これは，一般超幾何函数の特性多様体，その微分方程式の特異点の研究の過程で出て来たものです．

　超幾何函数に由来するものがほかにもあって，特性多様体の特異点との関連で，もう一歩進んだ組合せ論的研究も行っています．「マトロイド」の理論の一般化です．我々もそうだったので，きっと多くの人たちはマトロイドとは何か知らなかったはずだと思いますが，私たちはマトロイドの定義を再発見し，それが50年前になされていたことも知りました．その後私たちは「向き付けられたマトロイド」と呼ばれているものを再発見しましたが，それも，我々よりも10年前に組合せ論の研究者によって発見されていました．そういう風に，マトロイドという新しい興味深い対象が，特異点の研究に不可欠なものであることを見出したのです．超幾何函数の研究には，この種の組合せ論が実際必要となるのです．

　多変数の超幾何函数の理論は，より一般的な観点からしても，まさに新しい段階に入っています．というのも，組合せ論や代数の，全く予想もしえなかったような問題を数多く含んでいるからです．その大半は，時間がなくてまだ研究できずにいます．私たちが今までにやったことは，本として書くとおよそ3巻から5巻分くらいだと思いますが，これは我々がやれる問題のうちのほんの一部です．問題のリストをお見せしてもよいのですが，それについてすべて扱えば優に8巻ほどにはなるでしょう．前置きはこれくらいにして，超行列式の話に入りましょう．これはこれで独立してお話しできることです．

　超行列式と言うのは，例えば立方行列 (cubic matrix) の行列式——といった類のものです．通常の行列式は，正方形の行列に対するものですが，超行列式は，立方行列や4次元でのその種のものとか，そういったものについての行列式の類似物です．立方行列の行列式として何をとればよいか，それだけで

はないですが，そういう発想の論文はたくさんあります．書物も幾つかありますが，我々が調べた限り，どれも何等かの意味で間違った方向をむいていました．面白いものもあるのかもしれませんが，我々の「超行列式」ではありませんでした．このことからも，超行列式の理論が実際，解析学的な意味合いであるべきものだということがわかります．私たちのやったことは観念的なものではない．その意味で，審美的観点をもたなければいけないというのも亦興味あることです．

超行列式の仕事はまだ終っていません．一般論と，幾ばくかの計算があるだけです．面白いのは，更に計算を進めることで，これはわくわくするような組合せ論の計算だと分かります．このテクニックでもっと多くのことができるだろうとも期待しています．例えば，行列には固有値と言うものがありますね．でも 4 つ添字の行列があったとして，例えば R 行列，Yang-Baxter 行列とかその手のものですが，それについても超行列式を使って不変性を取り出すことを考えなくてはいけないし，考えることが可能でしょう．やるべきことが確かにあると思います．

私たちがこの仕事を始めてから，まだ四ヶ月位か ．．．，いや半年です．しかもフルタイムでやっているわけで，それが，まだ完了していません．それとても，超幾何函数についてやらねばならないことのほんの一部分です．超行列式の抽象的な定義を与えることは，幾つか例を示してからにしましょう．例から始めますが，予めお断りしておきたいのは抽象的な定義をもって初めて，それが良いもの，一般的なものであることが判り，正しい定義のやり方だと言える類のものだということです．

これからお話ししようというのは，Kapranov, Zelevinsky, それと私の共同の仕事で，最初のノートが Doklady だったかの，次の号に出版されるはずです[4]．例を示します．今，三つの添字をもつ行列

---

[4]Dokl. Akad. Nauk SSSR, **307** (1989), 1307–1310 [Sov. Math. Dokl. **40** (1990), 239–243].

$$a_{ijk} \qquad (i, j, k = 0, 1)$$

を考えましょう. これは 8 箇の成分をもつ立方行列です. これの超行列式を書き下さなくてはいけません. 超行列式は, 2 次式ではなくて, 成分の 4 次式になります. 書き下すのは難しいことではありません.

$$a_{ij0} = a_{ij}, \quad a_{ij1} = b_{ij}$$

と書いて, $A = (a_{ij})$, $B = (b_{ij})$ と名前をつけ, 立方行列を A, B 2 層の行列と見ます. こうして $A\lambda + B\mu$ の形の線型結合をとり, その 2 次行列の行列式を考えます.

$$|A\lambda + B\mu| = K\lambda^2 + L\lambda\mu + M\mu^2, \quad K = |A|, \ M = |B|$$

係数 L では A と B の成分の混ざった行列式を考えなくてはいけませんが, この理論の典型的なパターンです. 今度はこれを λ, μ の 2 次形式とみてその判別式をとります. 符号を除いて $4KM - L^2$ という式が得られるわけですが, これが, 立方行列 a_{ijk} $(i, j, k = 0, 1)$ の行列式です.

　私たちがこの例の計算をしたのは, 一般的な諸定理が得られて後, 理論の最後になってからのことでした. その後, この計算が実は Cayley によってなされていたことを発見しました. 文献を調べてみてわかったのですが, Cayley はこの計算をして, そこで止めてしまっています[*5]. Cayley が何故そこで止めてしまったのか. 彼は同じことを $2 \times 2 \times 2 \times 2$ の形の行列の場合にやろうとしてできなかったのです. 私たちがやったのと比べると, 彼が行列式の次数を誤っていたことがわかります. もちろん, この場合でも不変式を次々に構成していくことはできますが, この場合の不変式環は非常に大きなものになります. 行列式というのは不変式のうちの一つの特別なものです. そういう訳で, 彼は行列式の次数を誤った為に, 正しいものに至らなかったのです. この場合

[*5]Cambridge Math. J. **4** (1845), 193-203; "Collected Papers", Vol.1, No.13, pp.80–94, Cambridge Univ. Press, 1889.

の正しい結果を得たのは Schläfli で，それは何年も後のことですが，Schläfli
もまたそこで止めてしまいます[*6]．私たちよりも前になされていたことは，こ
れで全部だと思います．

　ちょっとつけ加えておきますが，Cayley もまた極めて独創的な数学者でし
た．我々の目から見ると，彼の計算は，ある種の完全系列を表わしているのが
わかります．この複体を Cayley-Koszul 複体と呼ぶことにします．というの
も，ある特別な場合にはこれが，Cayley の構成していた複体になるからです．
このように，然るべく複体を構成して計算することは，ひとかどの代数学者な
らば自ずと手にする種類のものだったのです．

　(超) 行列式の定義にうつります．"行列" $(a_{ijk})_{ijk}$ $(0 \leq i \leq \ell_1, 0 \leq j \leq \ell_2,$
$0 \leq k \leq \ell_3)$ が与えられたとします．これは，$(\ell_1 + 1) \times (\ell_2 + 1) \times (\ell_3 + 1)$ の
サイズの直方体行列です．ここで必ずしも立方体ばかりを考えるのではない，
ということに注意しておきます．つまり，普通の行列 (添字が二つ) のときに
は，正方行列でないと意味をなさないのですが，添字が三つのときはそうでは
ないのです．立方体なら行列式はつねにありますが，立方体と限らぬものにも
行列式があり得る．ただし一般の直方体だと，行列式が，ある場合もそうでな
い場合もあります．さて，この行列 (a_{ijk}) に対して 3 重線型形式

$$\sum_{i,j,k} a_{ijk} x_i y_j z_k$$

を考える．これには $GL(\ell_1 + 1) \times GL(\ell_2 + 1) \times GL(\ell_3 + 1)$ という群が働く：
それぞれの変数 $(x_i), (y_j), (z_k)$ に各々独立に一般線型群が働きます．ここで錐
(cone)，つまり $V_1 \times V_2 \times V_3 = \{(x, y, z)\}$ の中で $\sum_{i,j,k} a_{ijk} x_i y_j z_k = 0$ で定義さ
れているものですが，を考えましょう．この錐は特異点をもつ場合もあるし，
もたない場合もある．係数の空間 (a_{ijk}) の中で，この錐が特異点をもつよう
なもののなす部分集合を考えます．この集合の (a_{ijk}) 空間の中での余次元が 1

[*6]Denkschur. Kaiserl. Akad. Wiss., Math.-Naturwiss. Klasse 4 (1852) ; "Gesam-
melte Abhandlugen", Vol.2, No.9, pp. 9–112, Birkhauser-Verlag, 1953.

であるとき，超行列式が存在し得るのです．つまりそのとき "特異点集合" は
超曲面ですが，それを定義する方程式として——定数倍を除いて——超行列
式が定義できる訳です．

　正方行列のときに同じことをやってみれば，

$$\sum_{i,j} a_{ij} x_i y_j = 0$$

という錐が特異点をもつとは，即ち普通の行列式 $\det(a_{ij}) = 0$ であることに
他なりません．それがこの場合の超行列式の定義です．詳しく言うと特異点と
は，偏微分係数が消える点，つまり

$$\begin{cases} \displaystyle\sum_i a_{ij} x_i = 0 \\[2mm] \displaystyle\sum_j a_{ij} y_j = 0 \end{cases}$$

を満たすゼロ解でない non-trivial な点のことです．3 次元行列の場合に戻り
ましょう．これはなかなか微妙です．この場合には，

$$\begin{cases} \displaystyle\sum_{i,j} a_{ijk} x_i y_j = 0 \\[2mm] \displaystyle\sum_{i,k} a_{ijk} x_i z_k = 0 \\[2mm] \displaystyle\sum_{j,k} a_{ijk} y_j z_k = 0 \end{cases}$$

という方程式系が現われますが，これは過剰決定系です．従ってこれが自明で
ない解をもつことは奇跡に近い．ここで係数 (a_{ijk}) の超行列式は，上の連立方
程式が自明でない解をもつという条件が，係数に関する唯一つの多項式で書け
るときに限り存在するのです．

　ちなみに，偏微分方程式との関係を見るのも興味深いことではないかと思い
ます．詳しいことはよく判らないのですが ... たとえば

$$\sum_{i,j} a_{ijk} \frac{\partial u_i}{\partial x_j} = 0 \qquad (k = 1, 2, \cdots)$$

というような微分方程式系には係数として立方行列 (a_{ijk}) が出てくるわけですが，この場合にも三種類の添字 i, j, k に独立に上のような群が働いています．そこで上のような代数方程式系とこの定数係数の線型偏微分方程式系のあいだに，どんな違いがあるかなど考えてみるのも面白そうです．

　　さて，ここからの話の進め方はどうしましょうか？　やり方は二
　　通りあるのですが...今定義した超行列式について，どんなこと
　　があるのか——主定理やら，超行列式の次数やらの説明などを詳
　　しくお話しするか——それとも少し休憩をして，手際よく要点を
　　述べることにするか．しかし，それでは話がはやくなりすぎて判
　　りづらいかも知れないので，このままの形で続けましょう．

　何といっても心ときめくのは，この超行列式を代数的に研究して，詳しく構造を調べることです．その仕事はまだ終わっていません．新たな地平を予感させる夢があります．そしてそこには組合せ論の新しい局面もあらわれます．
　我々に馴染みの正方行列についていえば，知られている組合せ論の問題の大半が分割の問題に関連してこの平面的な行列から生じているのです．行列式というのは単項式の和ですが，その各単項式についている符号というものがある．ここには既に対称群の最も簡単な表現——指標——が現われています．ところで，組合せ論で今知られていることは全部平面の行列から発していると言ってもよい程でしょう．たいへん若いとき読んだ幾何だか代数だかの本のことがよみがえってきます．その本によると，知られていることは，ただ 2 次のもの，双 1 次のものだけで，それ以上の高次のことについては皆目わからないというのです．こんなことを思い出せば思い出す程に，さらに心に浮き立つものを感じます．今なら，この知られていないことも，難しいことは確かだとしても，わかる可能性だってあると．そういう事情も強調したくてこの話を一連の講義の先頭にもってきたのです．組合せの問題も実に新しい局面を迎えているのです．

物理からしてみても必要な数学はまだまだ足りない．というのも数学者は2次の問題の外は殆ど未開の広野だとしているからです．2次を超えた問題で物理から発した重要なものもあるのです．しかし詳しい話はここでは措くことにします．

◇　　　　　　　◇

抽象的定義にいきましょう．例はおわりの方で述べます．先はなかなか長いですな．

まず，半単純，或いは，reductive Lie 群を考えます．たとえば n 次の行列の群 $SL(n), GL(n)$ やその直積などです．先程の群 $GL(\ell_1 + 1) \times GL(\ell_2 + 1) \times GL(\ell_3 + 1)$ を思い浮かべて下さい．一般に

　　　G：半単純群　　（$G = GL(n)$ やその直積を考えても結構です）

　　　V：有限次元表現でその highest weight を λ

という設定をします．専門用語についての説明は省かせていただきましょう．ごくごく簡単なことですが，慣れるのに少しばかり時間がかかるかもしれません．

このような群の有限次元表現といえば，今は亡き友人 Naimark とのおもだった発見の一つが関わってきます．たしか 1949 年か 50 年の始めの頃だったと思います．行列群 $GL(n)$ のすべての表現というのは丁度，物理学者がスピノールを用いて 2 次の行列群の表現を構成したのと同じやり方でできるのです．2 次の群の場合はどうやるかというと，まず，行列によって表わされる線型変換をうける平面の変数 z_1, z_2 を用意しましょう．するとこの，z_1, z_2 の次数を決めた斉次多項式 (homogeneous polynomial) を考えれば，その上にあらわれる線型変換ができる．これは物理学者が (対称) スピノールと呼んでいるものですが，2 次の全行列群の場合には，有限次元表現ならば，すべてがこのやり方でつかまって，それ故，それで既約表現が尽くされるのです．

さて，Naimark と私の発見というのも単純なことなのです．我々にとって，

それは無限次元表現への出発点でした．まず2次の群についていえば，殆どすべての無限次元既約表現が，実は上に述べたと同じ方法でできる．但し斉次多項式ではなく斉次函数を用いるのです．勿論，その次数は分数であったり複素数でさえも考えるわけですが．更に $GL(n)$ についていえば，我々の見つけたこととは，今度考えるべきものは，上のような平面では勿論なく，かといって n 次元空間でもなく，実は旗多様体 (flag manifold) を考え，その上の斉次函数を扱うのが自然だと気づいたことでした．

この発見は我々にとって大変幸せでした．実際，これ無しには表現論で何もできなかった筈です．Naimark と私がさらに研究を進められたのもこれがあったればこそです．Harish-Chandra にしても，彼の理論に於いて，これを基本的な道具として使っているのです．この道具が見つかる以前は，彼の研究も無限小のレベルでの議論にとどまっていました．

このように，旗多様体というものは，表現論に於いて非常に基本的な道具であるわけです．これは $N\backslash G$ と書かれるもので，N は G のユニポテント部分群を表わします．この旗多様体 $N\backslash G$ の上の正則函数全体のなす空間を $\mathscr{F}$ としましょう．有限次元表現はこの $\mathscr{F}$ の中の斉次函数の空間に実現されますが，Naimark と私の発見というのは無限次元表現の場合でも，このやり方を少し拡張することにより，殆どすべての表現を尽くすということであります．

更に一方，これに関係して，我々は別の大変すばらしいことを見出しました．この $N\backslash G$ の上に考えるべきものは，何も函数だけでない．微分形式もあるのです．旗多様体上の微分形式の全体を $\tilde{\mathscr{B}}$ としましょう．思い出しておくと G は半単純で $N\backslash G$ は (generalized) flag manifold です．ところで函数の場合は，かけ算というものができる．これは表現論に於いても大変重要な構造です．我々のこの微分形式に対しても，これにあたる新たな構造が考えられます．後ほど定義しますが，超代数の構造 (super structure) が入るのです．

実は，必要なのは上の $\tilde{\mathscr{B}}$ 全体ではなくてその一部分です．それを $\mathscr{B}$ と書き，今から構成します．H を上の群 G（複素 Lie 群）の Cartan 部分群とし，

その Lie 環を $\mathfrak{h}$ とする．これらは $G = GL(n)$ のときには対角行列だと思って
下さい．$\xi \in \mathfrak{h}$ は旗多様体 $N \backslash G$ 上のベクトル場 (Euler vector field) を定めま
す．微分形式 $\omega \in \tilde{\mathscr{B}}$ が index (k, ℓ) であるとは ω が k 次形式 (k-form) で

$$
\begin{cases}
L_\xi \omega = (k + \ell) \lambda(\xi) \omega \\
\iota_\xi \omega = 0
\end{cases}
\quad \text{for} \quad \xi \in \mathfrak{h}.
$$

を満たすことです．ここで λ は，前以って決めておいた highest weight です．
いま index が (k, ℓ) である $\tilde{\mathscr{B}}$ の元の全体を $\mathscr{B}_{k,\ell}$ で表わしましょう．

このような微分形式は，斉次函数の一般化と思うことができます．そこでこ
れらを併せて

$$
\mathscr{B} = \bigoplus_{k,\ell} \mathscr{B}_{k,\ell} \subset \tilde{\mathscr{B}}
$$

をつくります．$\mathscr{B}$ は $\tilde{\mathscr{B}}$ の約半分です．この $\mathscr{B}$ には，二つの構造が入るので
すが，そのうちの一つは積の構造で，次で与えられるものです：

$$
\omega * \omega' = \frac{\ell}{\ell + \ell'} \omega \wedge d\omega' + (-1)^k \frac{\ell'}{\ell + \ell'} d\omega \wedge \omega'
$$

但し，ここで ω, ω' の index はそれぞれ $(k, \ell), (k', \ell')$ です．

この微分形式の空間 $\mathscr{B}$ は，この積で超代数となります．話は Young 図形に
密接に関連し，翻訳できるのですが，積はフック (hook) にあたります．組合
せ論の解析的な対応物です．$\ell = \ell' = 0$ のときには，上の積は 0 だと規約しま
す．この Young 図形との対応は面白いものです．函数の積が可換であるのに
対し，微分形式はこの積で超可換となりますけれど，それは Young 図形では，
たしか水平方向には対称，垂直方向には反対称となるのと対応しています．

複体を書きましょう．

Cayley-Koszul 複体

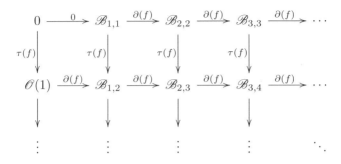

ここで f は始めにとった highest weight をもつ表現 V の上の函数で，それを旗多様体上の斉次函数と看做しているのです．この f に対して

$$\delta(f)\omega = f * \omega; \quad \tau(f)\omega = f\omega$$

をもって複体をつくる．これを我々は Cayley-Koszul 複体と呼ぶのです．もし V が trivial 表現なら Koszul 複体となるものです．$\partial(f)$ は微分で $\tau(f)$ は横方向の複体の間の準同型となっています．

超行列式とはこの Cayley-Koszul 複体の Whitehead torsion (複体の determinant) として定義するのです[*7]．このように一般的に定義しておくと普通の行列式のみならず，判別式や他の多くの不変式を書くことができるのです．

◇ ◇

一般論はこれで措くことにして，特別な例について説明いたしましょう．

考える状況はつぎのようなものです：d を自然数として，d 箇のテンソル積

$$V = V_1 \otimes \cdots \otimes V_d; \quad \dim V_i = \ell_i + 1$$

をとる．立体の行列式なら $d=3$, 普通の行列式の時は $d=2$ の場合にあたります．この双対空間を V^*, 対応する射影空間を $P(V^*)$ とします．

[*7] cf. J. Milnor, Bull. Amer. Math. Soc. **72** (1966), 358–426; Adv. in Math. **96** (1992), 226–262.

14 | 1 超行列式について

　実は超行列式は Banach 空間の理論に関係もしているのです．Banach 空間の理論での中心概念は双対空間というものです．単位球にも双対がある．それは，凸体を包絡する接超平面の全体として決まります．同様に代数幾何に於いても多様体の双対というものが考えられる．大雑把には接空間を集めたものにあたるものです．3 次元で maximum norm を与えるとその単位球は座標軸に平行な面を持つ立方体ですね．無限次元に移行すると連続函数の空間はこの例の類似物ですが，それに対応する複素多様体は何なのかと考えるのも面白い．

　次に多様体

$$X = P(V_1^*) \times \cdots \times P(V_d^*)$$

を考える．わざわざ V_i の次元に 1 を足して書いたのは射影空間の次元に合わせたのです．この X は Segre の埋め込みで

$$X \subset P(V^*)$$

と自然に看做せますが，その代数幾何的な双対 $\check{X}$ をとりましょう．もしその $\check{X}$ の余次元が 1 ならそれを定める多項式として超行列式が定義されます．この特別な場合にはこうして超行列式が定義され，我々の複体を用いた定義と一致します．その計算は Young 図形を用いてできるのですが，かなり長くなるので省略いたしましょう．大事なのは我々のやり方は超行列式の次数，つまり $\check{X}$ の次数の計算に決定的な役割を果たすことです．

　ついでに言っておきますと，$G = SL(n)$ で表現が自然表現の k 階の対称テンソル表現の場合は，超行列式は k 次形式の判別式になります．

　次数の話に戻ります．我々は我々のやり方でやっていたのですが，実は M.I.T. の Kleiman も射影的双対を研究していて，次数の公式を得ていました[8]．私が今から書く公式は少々ゴチャゴチャしていますが，そこから読み取れること

---

[8] in "Real and Complex singuralities" (Proceedings, Ninth Nordic Summer School/NAVF Sympos. Math., Oslo, 1976), pp.297–396, Sijthoff & Noordhoff International Publishers, Alphen aan den Rijn, 1977.

は多い．実際そこから取り出せる組合せ論についての予想も二つほどあります．それに比べると Kleiman の公式は私には気に入りません．彼の公式は多くの符号，プラスとマイナスを含んでいるのです．例えば，

$$|\sin 1000| < 1$$

を見るのに Taylor 展開を用いて

$$1000 - \frac{1000^3}{3!} + \cdots$$

などと計算するのは馬鹿げているでしょう．まあ一度くらい試してみたらいいかもしれないけれど．ともかく，これに似たことが起こる．だから良い公式が必要なのです．多項式の次数なんて，経験上 (!) 正だと判っていますから，できることなら正の数だけで書きたいものです; 足したり引いたりせずに．

今から公式を書き下しますが，それが些かなりとも複雑に見えるのは，実は背後にかくれた組合せ論があるからなのです．そいつの正体はまだ見えないのです．

尚，この公式は D.R. Leshchiner と一緒にやったものです[9].

上の設定で，超行列式の次数を $N = N(\ell_1, \cdots, \ell_d)$ とします．すると

$$\sum_{\ell_1, \cdots, \ell_d} N(\ell_1, \cdots, \ell_d)\, x_1^{\ell_1} \cdots x_d^{\ell_d} = \frac{1}{(1 - \sum_{i=2}^{d} (i-1)e_i(x_1, \cdots, x_d))^2}$$

という公式が得られます．ここで $e_i(x_1, \cdots, x_d)$ は次数 i の基本対称式です．これを反転すれば，

$$N(\ell_1, \cdots, \ell_d) = \sum \frac{(m_1 + 1)! \prod_{i \geqslant 2} (i-1)^{m_i - m_{i+1}}}{(m_2 - m_3)!\,(m_3 - m_4)! \cdots} M_{m', \ell}$$

となります．和は $m = (m_1, \cdots); m_1 = m_2 \geq m_3 \geq \cdots$ に亘り，$\ell = (\ell_1, \cdots, \ell_d)$ であり，m' は m という分割 (或いは Young 図形) の転置を

---

[9]I.M. Gelfand, M.M. Kapranov and A.V. Zelevinsky, Hyperdeterminants, Adv. in Math. **96** (1992), 226–263.

表わすものとします.

まだ一つ説明していないのは記号 $M_{\alpha,\beta}$ ですが,これはある種の魔方陣の数え上げの数です.ところで魔方陣は単なる遊びではなく,れっきとしたの組合せ論の問題として存在しているのです.今回お話ししている超幾何函数の仕事を通じて,私は Euler という数学的祖先のことを度々思い出しました.彼には実にすばらしい感覚がある.彼は正真正銘の解析を実践していたのです.魔方陣も Euler につながり,位置解析 (Analysis situs) の源流なのです.さて $M_{\alpha,\beta}$ とは,次のような行列を数え上げた数です:α, β という分割に対し成分が 0 または 1 で,縦に足すと α,横に足すと β となるようなもの.

公式から何が帰結されるでしょうか.超行列式は,各 i に対して

$$\ell_i \leq \sum_{j \neq i} \ell_j$$

という条件をみたす時,またその時に限って存在する,ということが判ります.まず $d = 2$ という長方形の行列についてどうなるか見てみましょう.これは $\ell_1 \leq \ell_2$ かつ $\ell_2 \leq \ell_1$ という条件ですから正方形に限ることを意味します.しかし 3 次元では立方体以外の場合も起こり得ます.

恐らく次のような事情になっていると予想しているのです:"すべての超行列式は最も単純な超行列式から組み立てられる".それがどんな風なのかは見えていませんが,そう考えています.上の条件を満たす ℓ-空間の部分を考えると,その満たす範囲と満たさない範囲の境界が単純だと考えられましょう.即ち,上の条件でどれかの i で等号が成立するところです.たとえば

$$\ell_1 = \ell_2 + \cdots + \ell_d$$

はそのような場合です.そしてこの時,超行列式の次数も簡単で

$$N = \frac{(\ell_1 + 1)!}{\ell_2! \cdots \ell_d!}$$

となる.一般にこのような場合には超行列式も具体的に書き下せるのですが,

時間がないので後でそのうちの最も簡単なものについてだけお見せします.

ところで上の公式を見ると,たしかに一般の場合の次数は単純な場合の次数の積を足した形で書けている.ところが足し合わせる時の係数がどうもマズイのです.一般の超行列式を単純な超行列式で書く助けに直接はならない.喩えて言えば,どうやら単に 2^n と書くのではなく,その代わりにそれを二項係数の和で書かないといけないらしい.ありとあらゆる公式を 2^n を使わず二項係数だけで書いてしまう,そんなことをしてはじめて全体の構造が見えてくる,ということです.

この意味で $2 \times 2 \times 2$ というのは単純な例ではありません.Cayley や Schläfli の行き方で道を見失ったわけが我々の立場から見えてくるように思います.この立方体行列は単純な場合,つまり境界に位置しているのとは逆に,中心にいて核となっている.どこからここに攻め入るのか難しい所にいたのです.

3次元の場合 $(d = 3)$,単純な場合とはどれでしょうか.$2 \times 2 \times 2$ とは $\ell_1 = \ell_2 = \ell_3 = 1$ でした.その書き方で言うと $\ell_1 = 1, \ell_2 = m - 1, \ell_3 = m$ つまり $2 \times m \times (m+1)$ は単純なものです.一方,$2 \times m \times m$ という場合も超行列式が存在します.これらのように $\ell_1 = 1$ という時は,それを普通の行列が二層になっていると看做せば,丁度 Cayley がやったと同じように一次結合を作って判別式ができます.$2 \times m \times m$ ならば固有値を求めることと同じです.$2 \times m \times (m+1)$ の時にはもっとずっと面白いものに出会います.それは可積分系にかかわるもので行列のスペクトル論として深くて興味深い対象なのです.

いよいよ超行列式の例のうち簡単なものをお目にかけましょう.それは $4 \times 3 \times 2$ $(\ell_1 = 3, \ell_2 = 2, \ell_3 = 1)$ の場合で,境界にいるものです.

今から結果を述べますが,思うに,超行列式というものは不思議ですね.古くからの数学と新しい数学が混じり合ってこそ姿をみせる.古い数学がなければ問題もない,一方コホモロジーなどという新しいものなしにその次数を正しくとらえられない.古くて新しい色々なものがここに集う,そんな対象なの

です．

まず行列を書きましょう．(just for my pleasure) (!)

$$\begin{bmatrix} a_{000} & a_{010} & a_{020} & a_{001} & a_{011} & a_{021} & & & & & & \\ a_{100} & a_{110} & a_{120} & a_{101} & a_{111} & a_{121} & & 0 & & & 0 & \\ a_{200} & a_{210} & a_{220} & a_{201} & a_{211} & a_{221} & & & & & & \\ a_{300} & a_{310} & a_{320} & a_{301} & a_{311} & a_{321} & & & & & & \\ & & & a_{000} & a_{010} & a_{020} & a_{001} & a_{011} & a_{021} & & & \\ & 0 & & a_{100} & a_{110} & a_{120} & a_{101} & a_{111} & a_{121} & & 0 & \\ & & & a_{200} & a_{210} & a_{220} & a_{201} & a_{211} & a_{221} & & & \\ & & & a_{300} & a_{310} & a_{320} & a_{301} & a_{311} & a_{321} & & & \\ & & & & & & a_{000} & a_{010} & a_{020} & a_{001} & a_{011} & a_{021} \\ & 0 & & & 0 & & a_{100} & a_{110} & a_{120} & a_{101} & a_{111} & a_{121} \\ & & & & & & a_{200} & a_{210} & a_{220} & a_{201} & a_{211} & a_{221} \\ & & & & & & a_{300} & a_{310} & a_{320} & a_{301} & a_{311} & a_{321} \end{bmatrix}$$

$4 \times 3 \times 2$ の場合の (a_{ijk}) の超行列式の次数はというと先ほどの公式に当てはめて計算すれば $12 (= 4!/2!1!)$ ですが，この行列の行列式も12次です．これが今の場合の超行列式なのです．

話は今のところここまでです．今回日本に来る前に熱中して研究していたのが超行列式の構造のことでした．非常に面白くて中断するのが惜しくてたまらないほどでした．カンは当たっているかどうかは判りませんが，2次元から3次元への移行は Ising Model などの可積分格子系とも関係があるかも知れません．ともかく，予想もつかないほどこの新しい組合せ論の道具は有用なものです．そのような大きな期待が持てるからこそ，超幾何函数の研究を少し横に置いてまでも我々はこの研究に力を注いだのです．

またこの超幾何函数，超行列式の研究では，偉大な二人の日本の友人のこともよく思い出していました．Sato と Aomoto です．超幾何函数といえば勿論

Aomoto のことは一時も忘れることはできませんし，組合せ論，代数，解析，そして物理に至るまで広く関わった研究では自然に Sato とそのチームが浮かんできたものでした.

　これで今日はおしまいにします．どうも有り難う．（終）

　付記：講演のあと佐藤幹夫教授は概均質ベクトル空間の相対不変式とのつながりについて興味深いコメントを述べられた.

◆第2章◆ 多変数の超幾何函数 I[*1]

座長 (佐藤幹夫教授) —— 本日は，我々日本の数学者にとって，また ここ京都大学の数学教室，そして，この数理解析研究所は，特別のゲストをお迎えすることができ光栄に存じます．先生の最近のお仕事である，多変数の超幾何函数についての，ご講演がうかがえるということで 非常に有り難く存じております．

　まず始めに，日本の友人達の前で，こうしてお話ができることをとてもよろこんでおります．永い間，思ってもいましたし，そしてこのことは多分，何度も繰り返して言うかとも思いますが，日本人数学者のやり方というものは，私や私の周りの人々のやり方と，世界を見回しても，最もよく似ているのではないかと常日頃から親しみを感じておりました．

　このことからいっても，この次日本に来るときには，長い紹介は必要なくなっていることでしょう．私のセミナーでも，外国からの友人を迎えて話を聴く機会がたびたびありますが，そんな折に，たとえば友だちの Professor Sato です，とだけ，或いは，Professor Araki ですとだけ言えばよいのです．皆さ

[*1]1989 年 3 月 22 日 (水) 14:00 – 15:00 (談話会)

んよくご存知の重要なこれこれの論文の著者ですというだけで，特別な紹介など無くても済むわけです．言葉など大して判らなくたって，私は数学者と数学の話をするときには本当にくつろいだ気分になれるのです．

ここ二三年，或いはもう少し前から，超幾何函数についての研究をしております．しかしながら，その真の姿，全貌をつぶさにお見せするのは至難の技です．というのも，我々が今までのところ，確実なものとして得ている事柄は，その一部にすぎないからです．勿論，全体像についても，その感じというものはもっています．しかしまだ，それを現実のものとして手に入れてはいません．詳細については，論文にしていないのですけれど，本にして大体5乃至6巻の分量になりましょう．

有名な譬え話がありますね．二人の盲人が象 (エレファント) と出会ったときの話．一人は足に触って大きな木のようだと言い，もう一人は鼻に触って蛇のようだといった話．同じように超幾何函数の本当の姿を説明するのは難しいことなのです．皆さんは私の説明でどのようにお感じになるでしょうか．そういう訳で説明は難しい，特に何故それをやったのかという理由を明らかにするのはさらに難しいのですが，説明してみましょう．

第一回目の「超行列式」でもお話ししましたけれど，繰り返しましょう．まず，1950 年代には表現論の視点から超幾何函数に関わり始めました．たとえば，$SL(n)$ の表現の行列要素には，多変数の超幾何函数が関係する．それは $SU(2)$ や $SL(2)$ のときに Gauss の超幾何函数——より正確には Jacobi 多項式で Gauss の超幾何函数の特別な物です——が，現われるのと同じことです．

このようにみてゆくと，多変数化するにはどうしたらよいのかという問いが，自然に浮かび上がってきます．対称性を記述する群の表現論の立場からどう見えるかについては，Wigner とか Vilenkin の本に書かれている[2]．特に

---

[2]J.D. Talman, "Special Functions; A group theoretic approach; based on lectures by E.P.Wigner," Benjamin 1968 (The mathematical physics monograph series). N.Ya. Vilenkin, "Special functions and the theory of groups representations," A.M.S. 1968 (Translations of mathematical monographs vol.22).

Vilenkin の特殊函数の本を参照されると概観がご覧になれるでしょう．しかしながら，超幾何函数の多変数化について，実際上どう扱ってよいのやらよくは判りません．

これが，この研究を始めた一つの動機です．実は他にもまだ沢山の理由があって，それをいちいち説明するとなると，あと6箇か7箇，その訳を述べなければなりません．しかし，多変数の超幾何函数に迫るのなら，ただ一点，そこからすべてが導き出せるようなポイントをこそ目指すべきです．そのような定義に何を据えるべきかを理解するのは難しいことでした．

まず始めにあったのは，そう...，我々の Generalized Functions の 5 巻に，どういう風に行くべきかの手がかりがありました．つまり 1 次式の冪積の積分です．そこには他にもいろいろ書いていますが，それは，それ以上には進まず止まっていました．ところが，青本氏の非常に重要な論文があらわれたのです．彼は，1 次式の冪積の積分や，さらにその拡張を扱い，モノドロミーの計算とそれに関連した重要な事実を指摘しています．

本気で超幾何函数に取り組むことにしたのは，7, 8 年たっての頃，さまざまな重要な流れが，一点に集約してきたからです．

そのうちの一つについて説明しましょう．Riemann の時代には，常微分方程式の理論が既にありました．しかし当時，何がこの理論の一般化であるかということについて，必ずしも明確に認識されていたわけではありません．思うにここが，二つの異なる理論への分岐点だったのです．そのうちの一つは，(線型) 偏微分方程式の理論で，その後百年にわたってよく整備がなされてきました．しかし時に炯眼の数学者たち，たとえば Darboux や Klein, Sophus Lie などがいて，彼らは常微分方程式論のこのような方向での一般化も，実は，いくつかあるうちの一つのやり方にすぎぬと見抜いていたのです．しかしながら，残念なことにその後，この第二の一般化の方向は，長い間，見失われたの

24 | 2 多変数の超幾何函数 I

も同然でした.

　ここでは, その第二の方向というものについて 2 階の常微分方程式を例に説明しましょう. 方程式

$$y'' = f(x, y, y') \tag{E}$$

をとります. 初期値に対して一意解があるものとするとその解は

$$\varphi(x, y \,;\, a, b) = 0 \tag{S}$$

のように書けるでしょう. ここで二つのパラメータ a, b は初期値のデータを表わすものです.

　この式 (S) を見る見方には二つあることがおわかりでしょう. 考えることはいろいろありますが, まず (S) から出発して, パラメータ (任意定数) a, b を, 消去してみましょう. x で二回微分すれば 3 つの方程式がでてきますが, その 3 つの式から a, b を消すと元の 2 階の微分方程式 (E) になる. しかし, それとは反対に, x と y を消去することもできるでしょう. すると, a を独立変数と考えて, 別の方程式

$$b'' = \hat{f}(a, b, b'_a) \tag{E'}$$

が得られる. この (E) と (E') は互いに双対な微分方程式で, 同時に研究されるべき対象でしょう. (E') のことを (E) の dual と呼びましょう. この対 (E), (E') は double fibration (二重ファイバー) というものの一例で, 積分幾何学に於いてしばしば有用となります.

　方程式 $\varphi(x, y \,;\, a, b) = 0$ は 4 次元空間 $\mathbb{R}^4$ の中の 3 次元の部分空間を定めます. その時次のような図式が得られます:

$$\mathbb{R}^4 \supset A = \{\varphi(x, y \,;\, a, b) = 0\}$$

$$\swarrow{\scriptstyle \pi_1} \qquad\qquad\qquad \searrow{\scriptstyle \pi_2}$$

$$B = \{(x, y)\} \qquad\qquad\qquad \varGamma = \{(a, b)\}$$

ここで π_1, π_2 とは，$(x, y; a, b) \in A$ に対して (a, b) を忘れ (x, y) を対応させる π_1 と，その反対に (x, y) を忘れ (a, b) を対応させる π_2 という射影です．これによって得られる 2 次元の空間をそれぞれ B, Γ と呼びましょう．このような状況 (上図式) を double fibration と呼ぶのです．かような考え方は解析学者によっても用いられ，幾何学者によっても用いられてきましたが大変有用です．特に幾何学者には馴染みの思考様式です．ここで，問題となるのは，このようなものを分類することです．分類というのは B の微分同型による同一視のもとで，という意味です．ちなみに記号 A, B, Γ は，私の全集の第 3 巻に収められている積分幾何の論文で用いられているものです．

この微分方程式に関わる問題について，どう分類するかというと，それは，B における微分同型の下で (a, b) を消去することによって，微分方程式の分類問題に帰着させるのです．これは微分方程式に関する大変面白い問題で，A. Tresse によって 20 世紀初頭始められ，ついで Elie Cartan がその後をうけ研究したものです．これについて，私は多くのことを見出していましたが，そうこうするうちに理論の始まりというものを Tresse と Cartan の論文の中に見つけたものです．Arnold の本 "Complementary chapters in the theory of differential equations" を参照していただくと関係したことが書かれています[*3]．これに関わる多くの興味深い問題があります．たとえば――どんな微分方程式が $y'' = 0$ に同値であるのか，また，冪級数で書けたなら，不変量があってその条件を記述する――というようなものです．これは数ある問題のほんの一つにすぎません．．．．いろいろなことがあるけれど，機会があればこれは多分，名古屋でお話しすることになるでしょう．これらがどう，積分幾何につながっていくかということについては．．．

微分方程式に戻りましょう．一般的には，double fibration とは先程と同じことで，$B \times \Gamma$ の非特異な部分多様体 A について

[*3]V.I. Arnold, "Geometrical methods in the theory of ordinary differential equations," 2nd ed., Springer-Verlag 1988 (Grundlehren der Math. 250).

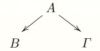

だということです．これは一般的定義として最良のものですが，少し敷衍して，幾何学的意味を見てみます．

$$\varphi(x_1,\cdots,x_n\,;a_1,\cdots,a_m)=0$$

というような方程式があるとします．ここで変数 $x=(x_1,\cdots,x_n)$ の空間とパラメータ $a=(a_1,\cdots,a_m)$ のそれとの次元は勿論，異なっていても構いません．するとそれらは方程式を通じて互いに dual な役割をもちますが，これを double fibration というわけです．これは常微分方程式の自然な一般化になっているのです．

Riemann は，その名を冠する幾何学の仕事に於いて，なんともすごいアイディアを述べています．たとえば，平面はたった 2 次元だけれど，そのうえ無限次元の空間をも考える必要があるのだと．これはまったく非対称的かつ，とんでもないことです．

たとえば平面上で，Laplace 作用素 Δ を考えてみると，すべての調和函数の全体の次元は無限次元で，無限個のパラメータが自然にあらわれます．かくて我々は，2 次元同士の対応から，2 次元のものと無限次元のものの対応へと飛躍するのです．と同時に，ここで，我々は昔の幾何学者がいうところの「合同の系」(叢，system of congruences)，つまり沢山のパラメータに依存する曲面族の幾何学からも離れることになりました．

微分方程式をやるときの第二の方法とは以上のようなものです．

このように常微分方程式から発して二つに分岐した道とは，一つは偏微分方程式にむかうことであり，今一つは上に説明したものだったわけです．この第二の方法では x と a の釣合を保つことですが，我々にはやれるやり方が二つ，目の前にあります．ひとつは，今日私が話すことです．両方の空間を，それは

有限次元でありますが，もっと深く追求することです．そしてもう一方は 無限次元の空間も取り込んで扱うことです．

　私は，Sato や Kashiwara，その他の人達も含め，彼らがやっている無限階の微分方程式に関する研究には，沢山の面白い仕事があると考えています．無限階の微分方程式を使えば，或いは，どちらも無限次元という状況にありつつうまく釣合を回復できるかもしれないからです．彼らの研究についてこの見地から調べたいと思っていたのです．

　しかし，この無限と無限の対比の方でなくても，すべきことは沢山あります．有限の方であっても，全てができているわけではなくて，理論は完成していません．多少なりともできているのは，線型なときです．線型な場合はホロノミックな微分方程式系と呼ばれています．というのも，線型なホロノミック系というとき，それは，Lapalce 作用素の時みたいに解の空間がむやみに大きくなったりはしないような偏微分方程式系を意味し，それどころか実は，この方程式系の独立な解の箇数は有限，つまり有限次元の空間をなしているのです．

　この歴史の流れは物理にとって重大な損失であったと思います．つまり今頃になって人々が，再び研究するようになるなんて，物理にとっては大きな不覚だったといえるでしょう．Plücker は直線や曲線その他必要なものの系を系として正面から扱った最後の物理学者の一人だと，私は思っています．Plücker，それに恐らく Klein，Sophus Lie などが . . .

　勿論，現在全てがうまく解決されているのではありません．我々は，線型の系のなんたるかを特徴づけるために double fibration の枠組を用いて述べてみましょう．つまり，線型系であるということの，正しくそのことが意味する不変性とは何だろうかということです．たとえばもし，与えられた方程式系が $y'' = 0$ と同値であるとしましょう．先ほど述べたように，変数とそれに双対な変数であるパラメータに関するある種の不変量の記述が丁度 double fibration の枠組での線型系の特徴づけにあたるわけです．ですから，double fibration

の言葉というのは，いわば，一般の系が線型系となるための不変性を記述するものなのです．

しかし今度は敢えて，ホロノミック系が思った程には満足ゆくものでないことの理由を述べねばなりません．たしかにそこには，現代の精鋭武器，これは当然ですが，を駆使した優れた一般論や，多くの計算がホモロジーの手法でできてしまうといった優れた概念もありますが，それですべてが解決できるわけではないのです．つまり，ホロノミック系に関しては，本来数学者がそこでやるべき計算ができずに，沢山の問題を抱えたままになっているのです．

この講演の始めに言及した超幾何微分方程式系は，最も優れた線型微分方程式のホロノミック系の一つの例であろうと思っています．一旦，このように重要な例を手にした訳でありますから，当然，そこには，ホロノミック系の次の発展段階が期待されるわけです．それは常微分方程式論における Gauss の超幾何函数と同じくらい重要な役割を果たすことになるでしょう．なんと言っても Gauss の超幾何函数ほど重要な例は他に見当たらず，この例が発見される以前に本当の理論，解析的理論，たとえば，双曲幾何，常微分方程式論などさまざまな理論ができていたとは到底想像できません．

今日の，そして明日以降の講演のテーマというのは，このような多変数の超幾何函数の理論の解説なのです．

いよいよ，我々のエレファント本体の各部のすべてについてどういう風になっているか，そしてそれらが互いにどうつながっているのか，お話しする時がやって来ました．何故エレファントがそんなに面白いのかということです．

まず Gauss の超幾何函数から始めましょう．それは次の微分方程式 (I) の解として得られます：$F = {}_2F_1(a, b, c; x)$ として

$$(x(1-x)\frac{d^2}{dx^2} + \{c - (a+b+1)x\}\frac{d}{dx} - ab)F = 0. \qquad \text{(I)}$$

但し $x = 0$ で正則なものであり $F(0) = 1$ と規格化しておきます。ところでいやしくもこの超幾何函数の拡張といえるものを考えるなら，最低限次の三つの条件を満たしているものでなければなりません：

a) 微分方程式，

b) 冪級数による表示，

c) 積分表示．

Gauss の超幾何函数の積分表示とは

$$F(x) = \frac{\Gamma(c)}{\Gamma(b)\Gamma(c-b)} \int_0^1 t^{b-1}(1-t)^{c-b-1}(1-tx)^{-a}\,dt \qquad \text{(II)}$$

です。冪級数表示についてはちょっと後まわしにしましょう。いずれその一般化も述べるつもりです。まず，どうしてこの積分 (II) が極めて興味深いものなのかを先にしましょう。ところで

$$\int_0^1 t^{b-1}\,dt.$$

こんな積分は知ってますね。実に重要で面白い積分なのです。或いは次の形に書いた方がよろしいでしょう。

$$\frac{1}{\Gamma(b)} \int_0^1 t^{b-1}\,dt.$$

しかし簡単だといってバカにしてはいけない。実際私は，Generalized Function の第 1 巻を書いたときには，この積分を正しく理解するまでに随分時間をかけたものです。この次に来るべき面白い積分は $\int_0^1 t^{\alpha-1}(1-t)^{\beta-1}\,dt$ ですが，やはり

$$\frac{\Gamma(\alpha+\beta)}{\Gamma(\alpha)\Gamma(\beta)} \int_0^1 t^{\alpha-1}(1-t)^{\beta-1}\,dt$$

とガンマ函数をつけて極をなくしておくのがよい。たとえば，$\dfrac{1}{\Gamma(\alpha)}$ は積分の $t^{\alpha-1}$ にあらわれる極と打ち消し合う。積分路を複素領域にとって，極や零点の勘定をしてみれば，たわいなくこの積分が定数 1 だとわかります。このよ

30 | 2 多変数の超幾何函数 I

うにベータ函数の性質も理解できるのです.

二項係数というのは大変重要なものです. Knuth の "The Art of Programing" という基本的な書物の第 3 巻には，二項係数に関することや公式が，それこそ無数に載っております[4]. しかし組合せ論の専門家も，その群論的対称性について，公式に見合うに充分なことを知っているわけではありません. その殆どすべては，超幾何函数の理論，超幾何函数に働く群の作用，からきているのです. 一般超幾何函数を考えることによって非常に多くの公式が理解できる. たとえば Gauss の超幾何函数は

$$F(x) = \sum \frac{(a)_n\,(b)_n}{(c)_n} \frac{x^n}{n!}; \qquad (a)_n = \Gamma(a+n)/\Gamma(a),\ \text{etc} \qquad \text{(III)}$$

という級数展開をもつ. 二項係数やガンマ函数の公式の殆どは，これを通じて，対称群を代表とするいろいろな Weyl 群の作用のもとに理解できるのです.

私はこの函数が大変気に入っていて，もっといろいろ話もしたいのですが，そんな時間もありません. ひとつ例をあげるなら

$$(y^{\alpha-1}(1-y)^{\beta-1})^{(\gamma)}$$

というのを考えてみましょう. 肩の (γ) は γ 階の微分を表わします. ここで γ が (正) 整数ならば Jacobi 多項式です. しかし微分の階数 γ は複素数にすることだってできるわけで，そのときは Gauss の超幾何函数になります. それが先ほどの積分表示 (II) の意味でもあります. このように Gauss の超幾何函数は三つの 1 次函数の冪積の積分としてあらわれることを見たわけです. 従ってたとえば，Generalized Functions や，青本氏の研究で既に手がつけられていますが，これを拡張する自然な方向としては，積分する 1 次函数の箇数を増やすこと，つまり三つに限らないでそれ以上のものを考えることになります. 今述べた方向から一般の超幾何函数の定義を与えることもできますが，今

---

[4]D.E. Knuth, "The art of computer programming Vol.1; Fundamental argorithms", Addison-Wesley series in computer science and information processing, Addison-Wesley, 1968.

日は，同値なもののちょっと違うところから始めましょう．

　一般的定義を述べてから，それが意味するところを説明していくことにします．まず，次の行列を考える．

$$
Z = \begin{pmatrix} z_{11} & z_{12} & \cdots & z_{1n} \\ z_{21} & z_{22} & \cdots & z_{2n} \\ \vdots & \vdots & \ddots & \vdots \\ z_{k1} & z_{k2} & \cdots & z_{kn} \end{pmatrix}.
$$

超幾何函数 $\Phi(Z)$ とは，この Z を変数とする函数で次の線型微分方程式の系を満たすものです．

$$
\sum_{p=1}^{n} z_{ip} \frac{\partial \Phi}{\partial z_{jp}} = -\delta_{ij} \Phi \qquad 1 \le i, j \le k \tag{1}
$$

$$
\sum_{i=1}^{k} z_{ip} \frac{\partial \Phi}{\partial z_{ip}} = (\alpha_p - 1) \Phi \qquad 1 \le p \le n \tag{2}
$$

$$
\frac{\partial^2 \Phi}{\partial z_{ip} \partial z_{jq}} = \frac{\partial^2 \Phi}{\partial z_{iq} \partial z_{jp}} \qquad 1 \le i, j \le k;\ 1 \le p, q \le n. \tag{3}
$$

　これらの方程式がどういうことを表わしているのか，そして Gauss の超幾何函数と，どうつながるのか，順に説明して行きましょう．

　まず第一の方程式は，函数 Φ が次のような不変性をもっていることを意味します．Φ は行列 Z の函数ですが，ある行 (row) を別の行に何倍かして足しても函数の値は変わらないということです．それを無限小の形で書いたのが上の第一の方程式です．大雑把にいうと，函数は行というよりは行の一次結合のなす線型部分空間を変数としているということが要点です．

　第二の方程式は重要な斉次性の条件です．こちらは列 (column) について $(\alpha_p - 1)$-次斉次であること，つまり p 番目の列の成分を一斉に λ 倍すると函数は $\lambda^{\alpha_p - 1}$ 倍されることを意味します．

　第三の方程式にあらわれる微分作用素は Laplace 作用素のようなものです．但しシステムになっています．

以上のことをまとめていえば，我々の超幾何函数というのは Laplace 方程式の斉次函数解というようなものだと，捉えることができます．ここでまず，この方程式系がホロノミックであることが基本定理，第二に，その函数解の次元が $\binom{n-2}{k-1}$ であるということが得られる．これは一般の位置 (general position) でのことです．この第二の定理は三つの異なる方法で証明できます：

(i) マトロイド上の或るコホモロジーを構成する方法．

(ii) サイクルを構成する方法．ここでつくるサイクルは Gauss の超幾何の場合にならって double loop と呼ぶものです．

(iii) 冪級数を構成する方法；必要な箇数だけ冪級数解をつくってみせるのです．

ところでこれで本当に定義が述べられたというには，いささか早すぎる．方程式系は与えたものの，函数の定義はまだです．詳しいところは明日になるでしょうが，どうしてこれが一般化なのか，例をとってお話ししましょう．

まず $n = 4$, $k = 2$ としてみると，これは Gauss の超幾何函数の場合なのです．幾何学者なら経験で知っていることですが，Grassmann 多様体のうち一番良いのは半分次元に対応するものです．つまり n 次元線型部分空間の k 次元部分空間全体のなす $G_{k,n}$ という多様体が Grassmann 多様体ですが，k が n の半分のときが一番面白い．我々の $G_{2,4}$ は Gauss の場合ですが，その次に来るべきは $G_{3,6}$ です．これについては長い論文を書いて詳細に述べました[5]．一般論の外にも，いろいろな計算がそこにしてあります．

話を $n = 4$, $k = 2$ に戻すと，重要な出発点は $G_{2,4}$ こそが Gauss の超幾何函数が棲む自然であるということです．幾何学者はずっと昔からこの $G_{2,4}$ という空間が球面や Lobachevsky 平面についてあらわれる面白いもので，内容のある空間だということを知っていたといえましょう．最近別名もできて，

---

[5]I.M. Gelfand and M.I. Graev, Hypergeometric functions associated with the grassmannian $G_{3,6}$, Mat. Sbornik **180** (1989), 3–38 [Math. USSR Sbornik **66** (1990), 1–40], Dokl. Akad. Nauk SSSR, **293** (1987), 288–293 [Sov. Math. Dokl. **35** (1987), 298–303].

Penrose に従えば twistors という具合です．つまり超幾何函数は twistors の空間を自然な住処としていると言い表わせます．この Gauss の次の $G_{3,6}$ については，明日お話しします．今日のところは残りの時間で Gauss の超幾何函数について簡単に説明いたします．

幾何学をやるなら，出発点としてとるのは対称性をもった形にすべきです．その意味で Gauss の超幾何函数の (II) のような表示は都合が悪い．これは標準形 (canonical form) です．それに対比して言うと，一般形 (general form) から出発したい．つまり (II) にあらわれる 1 次函数にしても一般形で書くべきです．更に (II) にはもう一つよろしくない点がある．幾何学的にはアフィン空間より射影空間で考えたい．そこで Gauss の積分表示 (II) を対称性を持ち，かつ射影的な形に書き直してみましょう．

まず始めに，1 次函数の冪積としては

$$(z_{11}t_1 + z_{21}t_2)^{\alpha_1 - 1}(z_{12}t_1 + z_{22}t_2)^{\alpha_2 - 1}(z_{13}t_1 + z_{23}t_2)^{\alpha_3 - 1}(z_{14}t_1 + z_{24}t_2)^{\alpha_4 - 1}$$

をとる．ここで (t_1, t_2) は射影空間の斉次座標で先ほどのアフィンな形 (II) では x にあたるものです．これを積分するのは，不変な微分形式 $t_1 dt_2 - t_2 dt_1$ です．この微分形式は 2 次斉次だから，上の積分が意味あるためには，指数について $\alpha_1 + \alpha_2 + \alpha_3 + \alpha_4 = 2$ という条件が要る．積分路は平面上の contour です．

このようにして得られた積分は行列 $\begin{pmatrix} z_{11} & \cdots & z_{14} \\ z_{21} & \cdots & z_{24} \end{pmatrix}$ を変数とする函数となって，偏微分方程式の計算からも我々の定義にちゃんと合うことが確かめられる．斉次性の条件というのは，座標系を決めたときに対角行列，或いは Cartan 部分群といった方がよいが，の作用についての斉次性であるわけです．

実のところ，これではまだまだ述べ切れていません．続きは明日ですが，これを一般化した $G_{3,6}$ で考えると，ここでは姿を見せなかった現象もでてくる．たとえば特異点です．特異点集合への制限はそれぞれが独自の函数になるので

す．それこそ，青本氏の仕事の次のステップです．$G_{2,4}$ では特異点はただの「点」で面白くない．特異点の記述は興味深く，マトロイドのような組合せ論的な対象も現われてきます．明日は，$G_{3,6}$ を例にとり，こういったところの説明をゆっくりとしていくことにしたいと思います．(終)

◆第3章◆ 多変数の超幾何函数 II[1]

　座長 (吉沢尚明教授)——ただいまから，Gelfand 先生の Hypergeometric functions of many variables の講演を始めさせていただきます．それでは，昨日のつづきということで...

　勿論昨日の続きといってよいのですが，私としては独立した講義の形でお話ししたいと思います．前回の講義では，動機づけだけで結果を述べませんでしたので，今回は結果だけで動機づけなしということにしましょう (笑)．

　超幾何函数には二つの異なったアプローチの仕方があります．そのひとつめのアプローチについて今日お話しして，二つめについては次回，多分明日話すことになると思います．第一のアプローチを，少し単純化して，Grassmann 多様体 $G_{3,6}$ の例で，説明します．

　このアプローチの場合では，一番単純なものが $G_{2,4}$ です．これは，4 次元空間の中の 2 次元部分空間全体のつくる空間です．その次に自明でないものは $G_{3,6}$ でしょう．$G_{2,4}$ の場合が Gauss の超幾何函数です．多くの事柄は，$G_{3,6}$ 以降になって初めて登場します．もちろん，$G_{3,5}$ もありますが，これには双対

---

[1]1989 年 3 月 23 日 (木) 14:00 – 15:30

性の原理があって，そのために 5 次元空間の中の 3 次元部分空間全体と 2 次元部分空間全体，つまり $G_{3,5}$ と $G_{2,5}$ は互いに双対的です．私たちの超幾何函数の理論には Graev と私の一般的な双対定理があって，$G_{3,5}$ と $G_{2,5}$ は同値になります．繰り返しになりますが，一般的な定義を書いておきましょう．前に一度書きましたね．3×6 の行列

$$Z = \begin{pmatrix} z_{11} & \cdots & z_{16} \\ z_{21} & \cdots & z_{26} \\ z_{31} & \cdots & z_{36} \end{pmatrix}$$

に対して，函数 $\Phi(Z)$ を考えるわけです．

　そのどちらもが物理から来たものですが，二つの考え方があります．一つは，変数の箇数を減らす考え方．例えば，球対称性をもつ場合は 3 次元空間の中の 3 変数函数の代わりに 1 変数の函数で考えればよろしい．もう一つの原理は逆に，変数の箇数を増やすことです．この二つめの考え方が重要になる例がいろいろあります．可積分系の多くは，変数の箇数を増やすことで非常によく理解できるようになる．対称性をもつ場合の保存則についても，3 次元の場合は空間の運動群がありますから見易いですが，元々球対称性を持っていて既に 1 変数に書き直されている時は，対称性があからさまに見えないことになります．保存則を見るならこの場合，変数の箇数を増やすことが実際有効です．同様のことが可積分系でもなされているのです．

　同じ考え方が，超幾何函数の議論にも現われます．私たちにとっても最初の段階で既に，1 変数の超幾何函数をどのようにして 4 変数の函数と看做すかということが，主要な問題でした．この場合，我々には非常によい空間があります．この空間 $G_{2,4}$ について，すこし付け加えておきましょう．

　そもそも数学者が幾何学を学ぶときに，知っておくべき基本的な空間の例が三つあります．幾何学のあらゆる内容がそれらから出て来るのです．一つは球面．もう一つは Lobachevsky 平面．いや，勿論 Euclid 空間もありますが，そ

れはこの二つの中間にあります．そして三つめが $G_{2,4}$ です．$G_{2,4}$ なしでは，幾何学がわかったことにはなりません．$G_{2,4}$ もまた球面などと同じようによい空間ですし，それ以上とも言える．つまり，ほかの二つでは見えない様相が，現われて来るのです．それは $G_{2,4}$ が非常によい対称空間だからといってもよいでしょう．

　実に不幸なことではありますが，我々が住んでいるのが3次元で，そんな事情で我々の幾何学では，$G_{2,4}$ よりも前に，$G_{2,3}$ と $G_{1,3}$ を知ることになります．$G_{1,3}$ は3次元空間の中の1次元部分空間の全体のつくる空間で，実質球面ですね．$G_{2,3}$ は，双対性から $G_{1,3}$ と同じです．つまり平面の全体のつくる空間は，直交する直線の空間と同じことです．しかしこの空間は，全く想像力をかき立てることのない例で，面白くない．この点で，$G_{2,4}$ は最初の，面白い幾何学的対象といえます．

　古典的幾何学を一歩進めて微分幾何をやってみると，$G_{2,4}$ は確かに $G_{1,3}$ の様なものでもあるけれども，そこまで均質な空間ではないことが判ります．

　$G_{2,4}$ は，極めて基本的でありながら，それ以前のものとは全く様相を異にした例の一つです．その理由は，$G_{2,4}$ の2点があると，その組に対し2箇の不変量，つまり2組の距離が決まることです．空間内の運動によって或る2点を同時に別の2点に移せるとすると，その2組の距離が同じでなくてはいけない．このような空間は階数が2であると呼ばれます．これは古くから知られた大変重要な事実で，幾何学者は皆知っていることです．$G_{2,4}$ は4次元空間の中の2次元部分空間の全体のつくる空間ですから，同じことですが射影幾何学の言葉で言えば，3次元射影空間の中の直線全体のつくる空間で，Plücker によって研究された対象です．これこそが最初の内容のある例で，こういった理由で，最初の面白い函数は $G_{2,4}$ の超幾何函数であるということになります．

　超幾何函数に向かう理由はたくさんありますが，私の主要なアイディアは，大雑把に言えば，超幾何微分方程式がこの $G_{2,4}$ という大変重要な空間へ深く結び付いていて，そこへこそ向かうべきであると発見したことでした．

38 | 3 多変数の超幾何函数 II

　この空間に何故 2 箇の不変量があるかを説明しましょう. 4 次元空間の中に 2 次元部分空間 2 箇があったとしましょう. そうするとその間に 2 箇の角度が決まります. 2 次元部分空間 2 箇の組を別の 1 組に移そうとするとその 2 箇の角度が同じになっていなくてはいけない. 3 次元空間の中で考えるときには考える角度は 1 箇でよいが, 今の場合は 2 箇必要になる. これは大変よい演習問題で, 2 箇の射影作用素の積を考えなくてはいけない. その積の作用素が 4 箇の固有値をもっていて, 2 箇の角度が決まる. これがその 2 箇の不変量です. 無限次元の空間で, このような角度の連続スペクトルが出て来る面白い例もあります.

　この空間は大きな対称性の群をもっています. この空間の超幾何函数とは, およそ次のようなものです. まず不変微分作用素を考える. 2 階の不変微分作用素で Laplace 作用素のようなものです. その Laplace 作用素の解, いわば (擬) 調和函数であって, とくに対角部分群の作用で不変なものを見つける. この意味で調和でかつ斉次な函数, これが Gauss の超幾何函数を規定する条件です. これを定義として一般化します.

　$G_{3,6}$ の場合で超幾何方程式を書きましょう. さっきの行列 Z に関して次の微分方程式を考えます.

$$\sum_{i=1}^{3} z_{ip}\frac{\partial\Phi}{\partial z_{ip}} = (\alpha_p - 1)\Phi \qquad p = 1,\cdots,6 \qquad (1)$$

$$\sum_{p=1}^{6} z_{ip}\frac{\partial\Phi}{\partial z_{jp}} = -\delta_{ij}\Phi \qquad i = 1,2,3 \qquad (2)$$

$$\frac{\partial^2\Phi}{\partial z_{ip}\partial z_{jq}} = \frac{\partial^2\Phi}{\partial z_{iq}\partial z_{jp}} \qquad i,j = 1,2,3;\ p,q = 1,\cdots,6. \qquad (3)$$

　この (3) が, Laplace 作用素に対応するものです. Gauss の超幾何函数の場合は, 行の添字で 3 を除き, 列の添字から 5, 6 を除かなくてはいけませんが, そうすると実質的には, ただ 1 箇の 2 階の方程式になります. それが, 上で説明した Laplace 作用素に対応します. これは, ホロノミック系の考え方で, 前に掲げた方程式を, あえて過剰決定系の形で書いたものです.

最初の方程式 (1) は，対角部分群の作用に関する斉次性の条件です．方程式 (2) は次のような意味をもっています．Φ は Z の函数としましたが，Z は6次元空間の3箇のベクトルからなっています．しかしこの函数は，Grassmann 多様体の上の函数でなくてはいけません．つまり3箇のベクトルに依存するのではなくて，それらのきめる3次元部分空間に依存するのです．ベクトルの3つ組が2箇あって，お互いに線型結合で表わされるなら，Φ の値は同じでなくてはいけない．2番目の方程式はこのように Φ が Grassmann 多様体の上の函数であることを表わしているわけです．

この Grassmann 多様体 $G_{3,6}$ は9次元です．これはすぐわかります．方程式 (2) を使ってベクトルの線型結合をとることにより，次のような局所座標が得られます．

$$Z \mapsto \begin{pmatrix} 1 & 0 & 0 & v_{14} & v_{15} & v_{16} \\ 0 & 1 & 0 & v_{24} & v_{25} & v_{26} \\ 0 & 0 & 1 & v_{34} & v_{35} & v_{36} \end{pmatrix}$$

これで座標函数は9箇です．Gauss の超幾何の場合だと，ここで4箇の座標函数が出てきて，$G_{2,4}$ は4次元ということになる．3次元射影空間の中の直線全体の空間は4次元．

　　　── 進み方がゆっくりで申しわけありません．しかしこれには理由があります．聞いて下さっている聴衆の皆さんを私は大変気に入っているのです．ここにはいつも私のセミナーで感じているのと同じ雰囲気 (spirits) があります．それで，いつものセミナーのルールに従っているのです．できるだけ沢山の結果を話そうとか，式を書き並べてひけらかしたりするような真似はしない．ただ理解がゆきわたるよう，つとめて心掛けているのです．──

これで9変数の函数になりました．一方，方程式 (1) は，各行を何倍かするときの斉次性を解析的に表現したものです．これでまた変数を減らせる．つま

り，どこかの Z で値がわかっているときに，Z の各行に $\lambda_1, \cdots, \lambda_6$ を掛けると，点 Z が別の点に移ってそこでの値がわかる，というような仕組で，変数を分離できるわけです．これで 5 箇分の変数を外すことができて，結局 4 箇の変数のみに依存する，次数ゼロの斉次な函数が得られる．本当の函数は 9 変数ではなくて 4 変数ということになる．

この場合，Grassmann 多様体は 9 次元で，その中の Cartan 部分群の軌道を見ると，その商空間 $G_{3,6}/H_6$ は 4 次元になっている．これは古典的な球函数の場合に回転群の軌道が 2 次元だから球函数が 1 変数の函数になるのと同じ事情です．

繰り返して言いますが，最後に得られた超幾何函数は実質 4 変数ということです．

この微分方程式にはたくさんの特異点があります．方程式の特異点を記述することを済ませてから解空間の次元に関する定理を述べることにします．

... 永い間，論文のページをめくっている．小声で

"I must find the pictures ..."

6 次元空間の中の 3 次元部分空間は，次のように記述することができます．6 次元空間の中に 3 次元部分空間を一つとりましょう．6 次元空間には，Cartan 部分群の作用がありますから，対応して 6 箇のベクトルからなる座標枠が決まっています．そこでその 6 箇のベクトルをその 3 次元部分空間に射影すると，3 次元部分空間内に 6 箇のベクトルが得られます．

3 次元空間内の 6 箇のベクトルが与えられたときに，それがいつ正規直交枠の射影として表わされ得るかを調べるのは，幾何の良い演習問題です．本来直交性は要らないわけで，射影よりも商空間で考えるべきですが，今は 6 本の座標軸を 3 次元空間に射影するやり方で考えることにしましょう．これは幾何

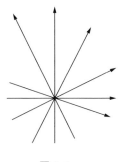

図 **3.1**

学としてもよい考え方で,例えば Carleman の作用素のスペクトル理論でも,Hilbert 空間のどの様な作用素が直交枠の射影として表わされるかという形で頻繁に用いられているものです.

3次元空間内の6箇のベクトルという形で,6次元空間内の3次元空間を表わすことができるわけですが,これを式で書いてみましょう.3次元部分空間の直交枠を a_1, a_2, a_3 として,対応する直交座標系を (t_1, t_2, t_3) として,6次元空間の直交枠をこの部分空間に射影したものを $x_1, \cdots, x_6$ と書けば,

$$x_j = t_{j1}a_1 + t_{j2}a_2 + t_{j3}a_3 \tag{3.1}$$

といったことになります.これで座標 (t_1, t_2, t_3) をもつ標準的な3次元空間内に6箇のベクトルがきまることになる.但し,3次元部分空間の直交枠のとりかたの自由度がありますから,$G_{3,6}$ の点と対応させるには6箇のベクトルの組を線型変換で同一視しておかなくてはなりません.考えている3次元部分空間が動くと,この6箇のベクトルも動いていくことになるでしょう.

超幾何関数の定義には,Cantan 部分群 H_6 の作用についての斉次性が含まれていたことを思い出してください.Cartan 部分群の軌道の空間 $G_{3,6}/H_6$ が4次元ということから,超幾何関数の本質的な変数が4箇になるという説明をしました.そこで,上に述べたようなやり方で,Grassmann 多様体 $G_{3,6}$ から軌道空間 $G_{3,6}/H_6$ へ移行することを考えてみましょう.

42 | 3 多変数の超幾何函数 II

　6 次元空間の中の 3 次元部分空間に対して，基準の 3 次元空間内の 6 箇の
ベクトルの組が対応していたわけですが，6 次元空間への Cartan 部分群の作
用は，6 箇のベクトルをそれぞれ独立に定数倍する操作に対応しています．い
ま，その 6 箇のベクトルがどれもゼロベクトルでないとすると，6 次元部分空
間内の 6 本の直線を考えればよい．射影幾何的に考えると，射影平面の中の 6
点を考えればよいことになります．つまり，$G_{3,6}$ 内の H_6 軌道で一般なもの
は，射影平面内の 6 点の組で表わすことができる．しかし，この 6 本の軸の
決め方は，線型変換の自由度を含んでいますから，$G_{3,6}/H_6$ の一般の位置にあ
る点は，射影平面内の 6 点の配置を射影変換で同一視した類として，記述する
ことができるわけです．

　次元を調べてみましょう．射影直線の場合なら任意の 3 点を，1 次分数変換
で任意の 3 点に写すことができます．射影平面の場合は，任意の 4 点を，射
影変換で任意の 4 点に写すことができます．ですから，6 点のうち，4 点の位
置を指定しまうことができる．残りの 2 点は射影平面の中を自由に動き回れ
るわけですから，自由度 2 で 4 次元ということになります．つまり軌道の空
間 $G_{3,6}/H_6$ は 4 次元です．

　我々の超幾何微分方程式は特異点をもっています．一般の $G_{k,n}$ でもよいの
ですが，今は $G_{3,6}$ で特性多様体を考えましょう．方程式の特性多様体を x 空
間，つまり $G_{3,6}$ に射影したものが方程式の特異点です．この場合，方程式の
特異点は丁度，対応する 6 点の配置が一般の位置にないところに現われます．

　$G_{3,6}$ の場合には，特異点をすべて書き上げることも簡単にできますので，す
ぐに図を描いてお見せします．一般の場合には，組合せ論的な難しさが出てき
ますが，それがマトロイドの理論とその一般化につながるものなのです．これ
は非常に面白い．方程式の特異点に関する議論については，Serganova と私の
論文が Uspekhi に出版されています．Mathematical Survery で，もう英語に

翻訳されていると思います[*2].

軌道の空間には strata の概念が定義されます．この話は省略しますが，二つのバージョンがあって既に出版されています．一つは MacPherson, Goresky, Serganova と一緒に書いた論文が Advances in Mathematics に出版されています[*3]．これは strata の 4 つの同値な定義についてのものです．strata というのは，大まかに言えば，同じ種類の軌道をまとめたもののことです．例えば Lorenz 群の作用の場合には 4 種類の軌道があります．空間的な双曲面，時間的な双曲面，錐，それと原点です．同じ種類の軌道を一まとめにしたものが strata です．

我々の超幾何方程式の特異点は，軌道空間の方でみると strata として捉えることができます．この場合，6 点が同じ種類の配置になるということが，軌道空間の同じ strata に属すことに丁度対応します．以下 strata をすべて図示しておきます．(次ページ参照) それは Graev と私の Matematik Sbornik の論文に載っています[*4].

時間があまり無いのですが，これは私には重要なことなので ...

A は，3 点が同一直線上にあるものタイプのもの．strata は 20 箇あって，余次元 1 の特異点です．

B2 は，2 点が一致してしまったもの．B1 と B2 は互いに双対的なので同じ箇数になっている．

これで，我々の超幾何函数の特異点を全部書いたことになります．たくさんあるでしょう．でもこれらすべてを考えないと，超幾何函数を理解したことにはなりません．私たちは折にふれて Erdélyi の教科書に出ている函数のリストを見ることがありますね[*5]．正確には同じ函数をいろいろな冪級数の形で書い

[*2]Usp. Mat. Nauk **42** (1987), 107–134 [Russ. Math. Surveys, **42** (1987), 133–168].
[*3]Adv. Math. **63** (1987), 301–316.
[*4]Mat. Sbornik, **180** (1989), 3–38 [Math. USSR Sbornik, **66** (1990), 1–40].
[*5]A. Erdelyi, W. Magnus, F. Oberhettinger and F.G. Tricomi, "Higher Transcendental Functions, Vols.1,2," McGraw-Hill, 1953.

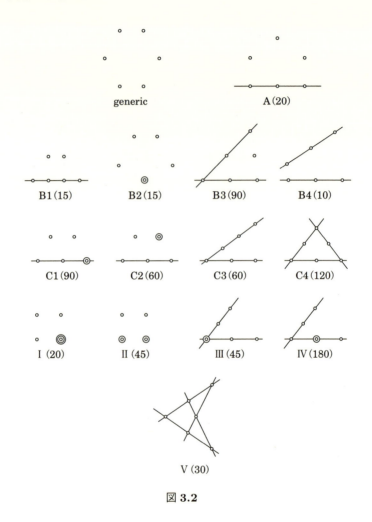

図 3.2

たリストです．一つの函数でも考える点によって，いろいろ見かけの違う冪級数で表わされるわけです．上に掲げた図は，このリストと同等の意味をもっているのです．何故，多変数の超幾何函数の研究が滞ってしまったのか．その一つの理由はこうです．冪級数を分類するのは確かによい考えですが，冪級数だけからでは，解析接続して得られる函数の特異点を完全に決定することは非常に困難なのです．しかし我々のような等質でコンパクトな設定では，それがす

べて遂行できるのです.

　ようやく, 超幾何函数の定義を与えるところまできました. 既に超幾何微分方程式の説明をしましたが, それはまだ超幾何函数の定義ではありません. そして以下に述べる定義こそが, 青本氏の非常に重要な仕事以後の超幾何函数の研究において, 我々の成し遂げた主要なステップの一つであったと考えています.

　　超幾何函数とは ——

　　前に掲げた超幾何微分方程式から導かれる各々の strata の上の函数のことである.

　これが我々の定義です. 一つ一つの strata 各々に固有の超幾何函数が定義されるのです. この定義以前に考察されていたのは, 点の配置が一般の位置にある場合だけでした. 我々の定義では, 超幾何函数は三つのデータに依存して決まります. それは, Grassmann 多様体 $G_{k,n}$ を表わす 2 箇の自然数 k, n と, その超幾何函数が住んでいる strata を指定するマトロイドです. この $G_{3,6}$ の場合でも数多くの相異なる超幾何函数が得られます. その内のいくつかについては後で説明します.

　この論文でも注意深く調べられてはいるのですが, 実はまだ未完成なのです. どなたか興味をもって研究して下さる方がおられたら, これほど嬉しいことはありません. まだやられていないことを, ここで二つ三つお話ししておきます.

　Grassmann 多様体 $G_{k,n}$ 上の超幾何函数を考えましょう. Grassmann 多様体 の上には一般線型群 $GL(n)$ の作用があるのでそれが有効に働きます. 軸を固定して斉次性を定義に取り込んでいるので, 一般線型群全部を使う訳にはいかない. しかし, 軸を入れ換えることができるくらいの自由度は残っている. n 次元空間の中での座標軸の入れ替えは, Weyl 群の作用と呼ばれているものです. つまり超幾何函数には Weyl 群が作用する. 例えば $G_{2,4}$ の場合に

は Weyl 群の作用とは何か？　4本の座標軸がありますから Weyl 群は4次の対称群です．Gauss の超幾何函数のことをご存じなら，その位数 24 の群の作用が超幾何函数の 24 箇の古典的な変換公式だと言えば，成程とお判り頂けるでしょう．前にも説明しましたが，この公式から二項係数についてのおびただしい数の恒等式が得られるのです．$G_{3,6}$ の場合には，6次の対称群ですから位数 720 の群です．つまり $G_{3,6}$ の超幾何函数の場合には，Weyl 群の作用から 720 箇の関係式が得られることになります．いろいろな場所で超幾何函数のガンマ函数を用いた冪級数表示を考えれば，異なる点での表示の間に数多くの関係式が得られるのです．この種の関係式の全てを探索しつくしたわけではありませんが，Rogers-Ramanujan 型の恒等式というものはこういった Weyl 群の作用によって，或いはその q-アナローグとして，得られることになるのではないかと推測しています．

　今日お話ししている超幾何函数は，n 次の一般線型群 $GL(n)$ に関係したものです．ほかの群でも同様のことを考えることができます．直交群 $O(n)$ やシンプレクティック群 $Sp(n)$ に対しても，簡単にいくわけではありませんが，それぞれ固有の超幾何函数の理論を展開することが可能で，違った様相も出てきます．これについては Zelevinsky, Serganova との共著論文が Doklady に出ます[6]．Gauss の超幾何函数には，群論的には理解しがたい 神秘的な 2 次関係式が知られています．独立変数のところに x^2 の入った $F(\alpha, \cdots ; x^2)$ に関係した恒等式です．この関係式などは $Sp(4)$ の超幾何函数に関連したものではないかと考えています．Gauss の超幾何函数には well-behaved とでも形容すべきクラスがあって，2 次関係式はこのクラスの函数に対するものです．

　$G_{3,6}$ の超幾何微分方程式には，6 箇の 1 次独立な解が存在します．この事実は，私たちにはちょっと意外でした．というのも，Cauchy 問題からは一度に 5 箇の解しか見えないのです．ある点の周りの冪級数解で 5 箇分は作れる

---

[6]Dokl. Akad. Nauk SSSR **304** (1989), 1044–1049 [Sov. Math. Dokl. **39** (1989), 182–187].

のですが，実際には解は 6 箇あります．この 6 箇の 1 次独立解がどの様にして得られるかを説明した後で，ほかの余次元の高い strata に対応する 0, 1, 2, 3 変数の超幾何函数のことをお話しします．そのときの 0 変数の超幾何函数がベータ函数です．

前の講義で述べたことですが，超幾何函数は積分を使って表わされます．どのような積分になるか書き下してみましょう．これは 6 箇の 1 次函数の冪積の積分です．

$$\int (z_{11}t_1 + z_{21}t_2 + z_{31}t_3)^{\alpha_1-1} \cdots (z_{16}t_1 + z_{26}t_2 + z_{36}t_3)^{\alpha_6-1}$$

$$(t_1 dt_2 \wedge dt_3 - t_2 dt_1 \wedge dt_3 + t_3 dt_1 \wedge dt_2)$$

ここで，冪指数について $\alpha_1 + \cdots + \alpha_6 = 3$ という条件が必要で，これがないと積分が意味をもたなくなります．t_1, t_2, t_3 は射影座標で，微分形式もそれに対応しています．

超幾何方程式の 1 次独立解が高々 6 箇であることは，この積分表示とホロノミック系の一般論から容易に判ります．実際に 6 箇の 1 次独立解が存在することを示さなくてはいけませんが，前回も述べたように方法は 3 つあります．第一の方法については今日は説明しませんが，第二の方法はこの積分表示を使って 6 箇の独立な積分をつくるやり方，第三の方法は違う種類の冪級数解をあわせて 6 箇構成するやり方です．

平面上に 6 本の直線を引きます．但し射影平面で考えますので一本は無限遠にもっていきましょう．アファイン空間に 5 本の直線があります．そこで幾何の易しい練習問題ですが...

—— 実は今，家内と初等幾何の入門書を書いているところなのですが，私は幾何を教えるのに公理から始めるなどという学校での伝統的なやりかたには反対です．幾何学とは要するに世界を見て，空間とはどんな風なものかと調べるものなのです．訳のわからな

い公理や定理を覚え込むことなんかではない．子供にとってはあたりまえの事実を公理と呼び，それよりもっとあたりまえのことを定理と呼んで，おまけに証明までしなければいけない (笑)．下手をすればコンピュータまで駆り出す破目になる．代数にしろ論理にしろ初めから身につけている子供などいません．知っているのはただ遊ぶことだけなのです．

——ここでも一つ遊んでみましょう．平面上に 5 本の直線があり，一般の位置にあるとしましょう．一般の位置とはどの 2 本も平行でない，つまり交わるということです．尤も，コンピュータにやらせるなら '交わる' ってどんなことなのかさえ説明してやらなければいけませんが．ともかく 5 本の直線がある．これを壁に見立てて幾つの部屋があるかを数えましょう．有界な部屋には狼を飼う；逃げるといけないので．有界でない方は犬にしましょうか．さて何匹の狼と犬が飼えるでしょう．

——どう思いますか？ Sato．狼だったら，最大で何匹最小で何匹飼えますか．子供になったつもりで考えて下さい．

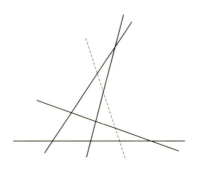

図 3.3

　黒板には既に 4 本の直線が引かれていて，それに 1 本直線を加え，できた有界な部屋の箇数を数えさせようというのである．佐藤教授を聴衆の代表として黒板の前に招き出した．

- 「囲まれた部屋だけでいいんですね．．．．6 箇です．」
- 「そう，6 箇ですね．じゃあ，直線の引きかたを変えてもっと部屋の数を多くしたり，少なくしたりできますか．」
- 「一般の位置にある時ですね．多くも少なくもできません．」
- 「正解，その通りです．」

　一般の位置にある限り最大も最小も同じです．これは $G_{k,n}$ の場合にも拡張できる一般的な定理で，数え上げ幾何の簡単な問題の一つです．ほかにも配位や分割数に関係した色々なゲームがあって我々の研究に出てきます．妻の Alekseevskaya, Zelevinsky と私の論文でこれらを扱っています[*7]．Kostant の分割函数 (partition function) にも関係します．

　ここで有界な部屋の箇数が独立解の数なのです．ところで有界な部屋の箇数については，Orlik-Solomon の一般的定理があります[*8]．

　ここで青本教授が議論に加わりご自身の元々の証明について説明された．それは有界な部屋 (領域) 毎に cycle を構成し，鞍部点法で漸近挙動を調べることにより対応する積分の独立性を示すものである．

　この美しい証明のことは知りませんでした．

　[*7]Dokl. Akad. Nauka SSSR **297** (1987), 1289–1293 [Sov. Math. Dokl. 36 (1988), 589–593].
　[*8]Inv. Math. **56** (1980), 167–189.

私が説明しようと思っていたのは次のようなことです．超幾何方程式の解空間の次元の評価について，まず 6 以下という方はホロノミック系の議論から容易に分かります．もう一方の評価を示すには，実際に解を構成しなくてはいけません．この問題に対して，私達は異なる三つの方法をもっています．一つは，積分を用いないで冪級数だけで議論する方法です．ここでは積分を使う方の証明を説明します．これも自然なものです．

まず全部で 6 箇の有界な領域があります．私達がやったのはとても単純なことです．Gauss の超幾何函数の積分表示

$$\int_0^1 t^{b-1}(1-t)^{c-b-1}(1-tx)^{-a}\,dt$$

では，$t=0$ から $t=1$ に至る区間で積分していますが，パラメータが一般の複素数の場合には，積分路を 'double loop' と呼ばれているものに置き換える必要があります．

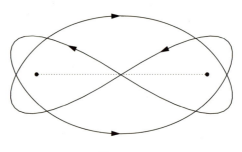

図 **3.4**

被積分函数はモノドロミーをもっていますが，double loop は対応する被覆面の上のサイクルになっている訳です．モノドロミーに対応しては，局所系に係数をもつコホモロジーを考えることになりますが，一般の場合にも，有界な領域の各々に対してこのような double loop を構成することができます．$G_{3,6}$ の場合なら 6 箇の，$G_{k,n}$ だと $\binom{n-2}{k-1}$ 箇の独立な積分がこうして得られることになります．Aomoto もこの証明についてはよく知っているはずですし，先

程の彼の説明にあった方法との相互の関係もよく了解されていると思います．

double loop の構成には，もう 1 つのやり方があります．Gauss の場合で言えば，積分
$$\int_0^{i\infty} t^{b-1}(1-t)^{c-b-1}(1-tx)^{-a}\,dt$$
に対応するものです．ここで積分路としては，原点から垂直方向に上に向かう道をとっています．一般の場合には Siegel 上半空間のようなものを考えることになりますが，$G_{3,6}$ の場合で説明しましょう．交わる 2 直線を各頂点での二つの座標 z_1, z_2 の実軸に見立てます．そこで $\mathrm{Im}(z_1) > 0, \mathrm{Im}(z_2) > 0$ の側に垂直方向の積分領域をとるのです．こうやって積分領域を各々選んで構成した解は必ずしも 1 次独立ではありませんが，それらのあいだの 1 次関係を調べることによって独立なものが 6 箇とれることが分かります．

最終的には，これと同じようにすべての strata に対して，超幾何方程式の独立解の箇数を記述することをやらなければいけません．これは面白い問題ですが，まだできていません．

冪級数についてもひとこと言っておきましょう．すべての特異点の周りで冪級数解を構成しなくてはいけません．この場合，実際 6 箇の 1 次独立な解を冪級数の形で構成することができます．

先程から特異点の各 strata ごとに超幾何函数を考えることを強調してきましたが，ここでその例についてお話しておきます．次の 6 点の配置の場合を考えましょう．

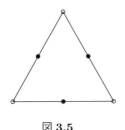

図 **3.5**

この配置はパラメータを含んでいて，3 辺にそれぞれパラメータが 1 箇ずつあります．それを説明しましょう．これは非調和比の類似です．射影直線の中に 4 点があると，つまり，平面に原点を通る 4 直線があるとそこで，非調和比が一箇決まる．上の配置では三角形の 3 頂点を 3 次元空間の座標軸だと思って，辺上の点に対応する 3 次元空間内の原点を通る 3 本の直線を考えます．そうすると，辺の上の点に対応する直線毎に，それと 3 本の座標軸をあわせた 4 本から，非調和比と同じようにパラメータ λ を定義することができます．辺毎にこの λ を変数とする 1 変数の函数 $F(\lambda)$ が得られますが，これは $_3F_2$ になります．この $_3F_2$ に対して 3 箇の冪級数表示が可能です．その内の 1 箇は通常の $_3F_2$ の級数表示ですが，もう 1 箇は Euler のベータ函数では表わせない不思議で面白い級数です．詳しくお話しする時間はありませんが，$G_{2,n}$ の超幾何函数として現われる Appell や Lauricella の函数の場合にも同様のことが起こります．

こういった現象を理解するには，ベータ函数についてもっとよく反省する必要があります．我々の観点では，ベータ函数とは 0 次元の strata に対応する超幾何函数のことです．これはパラメータに依存する一般化されたベータ函数です．通常のベータ函数になることもありますが，この $G_{3,6}$ の 0 次元の strata からは，実際に新しいベータ函数が現われるのです．私の大まかな印象では，超幾何函数をよりよく理解するためには，それ以前にベータ函数についての深い認識が必要です．しかしそのような理論は現在まだ存在していません．この新しい一般化されたベータ函数は，ガンマ函数に還元できる類のものではありません．この種のベータ函数の理論は極めて興味深いものになると思います．

これは或る意味では知られている群対称性で，$_3F_2$ の $x = 1$ に於ける値に関連しています．それに対して，$_3\varphi_2$ と呼ばれている q-アナローグもあって，$_7\varphi_6$ までいくと Rogers-Ramanujan 恒等式に関連してきます．$_7F_6$ や一般の $_{q+1}F_q$ もまたある場合の超幾何函数として現われます．拡大ディンキン図形の形をした配置の場合だと $_4F_3$ が対応すると言った具合です．ディンキン図

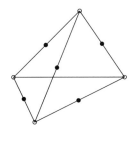

図 3.6

形に関連した他のグラフからも，この種の函数を構成することができます．こういったもの全ては Grassmann 多様体 $G_{k,n}$ 上の超幾何函数になっているのです．

　旧来の多変数超幾何函数の理論に欠けていたもの——それは，すべての strata に付随するものを含めて，全体としての超幾何函数を研究するという観点です．私たちは漸くそれを定義したに過ぎません．各 strata の超幾何函数に対する微分方程式は，前に掲げた超幾何微分方程式を strata に制限することによって得られるはずですが，それを直接実行するための標準的な方法が必要です．これはまだやり終っていないことで，その方法を理解するのは，非常に面白いことだと思います．これはホロノミック系の問題として exciting な問題でしょう．常微分方程式の場合には特異点は孤立した点ですから問題になりませんが，多変数の場合には，微分方程式をその特異点の部分多様体に制限した微分方程式を考えたり，その特性多様体を調べることは，一般論としても大変面白い問題です．もちろん，超幾何函数やベータ函数の場合には，微分方程式としての変数ばかりではなく，パラメータも含めて両方の函数と見て考察することが必要不可欠です．

　ほかの古典群の場合の超幾何微分方程式では違った様相も出て来るので，それも理解しなくてはいけない．Weyl 群の作用として得られる関係式を strata の場合を含めてすべて書き下すことも必要です．更に超幾何函数のパラメータ

が整数値をとる場合の考察，これはまた難しい問題で，できていません．その
レゾナンスの状況を理解しなくてはいけない．これは面白い問題で，青本氏に
よる dilogarithm の美しい一般化の仕事に関係しています[9]．

　冪級数の話はまだしていませんが，これは tiling の問題が関係していて，書
き下すにはいろいろお話しなくてはいけません．超幾何微分方程式の階数が 6
になることの第一の証明についても，まだ話していませんが，多面体の組合せ
論を用いたこの議論も中心的な話題の一つです．次回の講義でこういった話題
に触れられるかも知れません．まだお話ししていないこともたくさんあります
が，今までの話で，おおよその描像はお判りいただけたのではないかと思いま
す．(終)

---

[9]Nagoya Math. J. **68** (1977), 1–16.

◆第4章◆ 多変数の超幾何函数 Ⅲ[*1]

今日は超幾何函数に関して私たちがたった今やっていることの中
から主なものを説明したいと思っています.

はじめに，ここでの私の講義のスタイルについて，それはまた私の論文の書
き方でもあるのですが，少し注釈を加えておきたいと思います．この超幾何函
数のプログラムは，主に，Zelevinsky，息子のサーシャ (S.I. Gelfand)，Graev
と共同で進めて来たものです[*2]．Graev とは，一緒に仕事を始めて 30 年以上
になります．論文によっては，Vasiliev, Serganova といった他の人たち五六人
も参加してくれています．非常に大きなプログラムなので，以前から，一二年
頑張ったところで，やりおおせるようなものではないと考えていました．友人
の数学者にこのプログラムの話をして議論したことがありましたが，その時の
彼は，3 年位のプログラムだろうといっておりました．このとおり実際そんな

[*1]1989 年 3 月 24 日 (金)14:00 – 15:00

[*2]Dokl. Akad. Nauk SSSR, **288** (1986), 14–18 [Sov. Math. Dokl. **33** (1986),
573–577]; Dokl. Akad. Nauk SSSR, **288** (1986), 279–283 [Sov. Math. Dokl. **33**
(1986), 643-646]; Dokl. Akad. Nauk SSSR, **289** (1986), 19–23 [Sov. Math. Dokl.
34 (1987), 9–13]; Funkts. Anal. Prilozh. **20** (1986), 17–34 [Funct. Anal. Appl. **20**
(1986), 183–197].

程度ではないのですが，彼は仕事の量が加速的に増大するということを考慮にいれていなかったのです．

　私の仕事のやり方を判って頂くには，繰り返しになるかも知れませんが，古典群の無限次元表現論をやったときの経験をお話しするのがよいと思います．Naimark, Graev, それに私で，およそ 1944 年から 49 年にかけて仕事をしました．その時期の終わり頃には，無限次元表現論でどのようなことが起こるのか，ある程度自由に思い描けるようになっていました．もちろん，まだ証明していないことがたくさんありましたし，予想としてすら発表していないこともたくさんありましたが，この後 50 年代にはもう，表現論で仕事をするのをやめてしまいます．次のテーマに移った後も，他の人とたまたま表現論の論文を書くことはありましたが，自分でもびっくりするようなことを見つけたという感じはしていません．

　Harish-Chandra からは実際，私が想像していなかったようなアイディアも学びました．その一つは，量子力学からおこったもので，非常に単純なよいアイディアなのですが，それを知って私は，何故気が付かなかったのかと，自分の愚かさに腹立たしく思ったものです．量子力学については私もよく知っていましたし，Plancherel 測度が固有函数の漸近挙動から決まることなど，物理学者は皆よく知っていることでした．私はこのことを使わなかったのですが，Harish-Chandra は，非常にうまいやり方でこの事実を利用したのでした．よくは覚えていませんが，こういうことが一つ二つあったと思います．私自身は保型函数などの方に移っていて，この頃には表現論をやめてしまっていたのです．

　その理由は ... 私が数学でやるべきことは，まさに子供を育てることだと考えているのです．自分がいなくては子供が生きていけない間は，子供の面倒を見てやらなければいけません．しかし，いなくても生きていけるようなら，子供の自由にさせてやるべきです．不幸なことですが，自分で始めながら，まだ手放せないでいることがいままでにたくさんあります．私がやるの

は，私がやらなければきっと見失われてしまう，と思うからなのです．多面体の微分幾何に関連した組合せトポロジーなどは，そのようなものの一つです．始めたのは 10 年も前なのですが，その後何の進展もなく同じ位置にとどまっています．極めて重要なことなのですけれども．表現論にしても，育てた子供が大きくなって偉大な音楽家か，詩人か，或いは偉大な数学者になるのか判りませんが，そうなって初めて，もっと面白いもっとワクワクするような仕事ができるのでしょう．が，それはまた別の仕事なのです．

今回は，超幾何函数に関係した仕事をするなら，必ず知っていなければいけないキーポイントの幾つかを説明しようと思います．仕事をしてみなければ，何故重要か判らないかもしれませんけれども．こういうことをお話ししようというのも，上で述べたような理由からなのです．

何故，超幾何函数の研究を続けていかなければいけないのか．第一に，本を書かなければいけない．幸い，今までに判ったことで，4 巻分位の内容になります．今ひとつの理由は，まだ超幾何函数の最終的な定義を得ていないということです．応用の際に何が鍵になるのか，すべてが完全に判っている訳ではない．

念頭に置いているのは，1 変数の代数函数論が保型函数の解析的理論から来ているという事実です．これは，20 世紀初頭の最高の到達点の一つであったのです．保型函数は，超幾何函数のモノドロミーを考えることで，よく理解できる．どのようなパラメータの値で，代数函数が得られるかを論じたのは Schwarz の論文でした．この Schwarz 理論をやらなければいけない．ほかにもたくさんあります．

更にこれは青本氏の説明にもありましたし，彼の動機の一つでもあると思いますが，群の表現の行列要素の問題．

第三は，本当の意味での q-アナローグをやることです．basic hypergeometric

function と呼ばれているものです．ある意味で私は，今の量子群やその関係のことには，大いに不満をもっています．これこれの理由でというのではなくて，不満の一つは，それが定義の最終的な段階に来ているのか，それとも始まったばかりなのか判らない．何か大きなものの小さい部分，たしかにうまい，がしかしほんの小さい部分だけしか見ていないのかも知れないとも思います．basic hypergeometric function は古典的なもので，100 年も前から才能ある人がいて考えていました．こういうものを，我々の超幾何函数の観点から理解することが必要です．

　見逃してはならない一つの主要な点は，次の時代に向けて，組合せ論の役割が増大するいうことです．これはいわば予想で，このことは，数学にとって重大な変化だと思っています．理由はたくさんあります．新しい世代の思考の方法は，コンピュータと切り離せなくなっている．コンピュータに必要な数学を，我々はまだもっていない．論理が全く異なるからです．例えば，新しい世代のパラレル・コンピュータに対する数学的基礎づけは，論理学的なものではあり得ない，むしろ組合せ論的なものでしょう．この点で，現在，超幾何函数の組合せ論を研究しているのは，幸運なことだと思います．この京都で，統計物理のモデルについての非常に面白い研究がなされているのを見るとき，我々が超幾何函数やっていることと，その思考の方法に余りにも共通点が多いことに驚いています．

　このような理由でも，超幾何函数の研究は，まだ人の踏み入れたことのない世界を理解するための一つの安心できる拠り処であると思います．

　若い頃に読んだのですが，ヴァフタンゴフ (Vakhtangov) というロシアの優れた古典演劇演出家がこんなことを書いています．彼は，『王女トゥーランドット』(Turandot) という，中世イタリアの作家 (Gozzi) が書いた四，五百年前の物語を演出したことで有名です．彼曰く，この古い演劇を古い衣装を脱ぎ捨てて現代の最新流行の衣装で演じなくてはいけない．新しい流れは，時として，最も古いものの中から生まれ出づる ... 超幾何函数は，これと同じ美し

さをもっていると思います．この古い，流行遅れのものについて，私たちは最新流行の言語で語ることができるし，その言語なしでは語れないのですから．

◇　　　　　　　　◇

今日は，超幾何函数の第二のアプローチについて説明します．私たちの知っていることの殆ど全てを話してしまおうと思っています．京都や名古屋や東京の日本の友人たちと一緒にいられることを，私は幸せに思っているのです．もっと多くのことをこの友人達から学べることを望んでいます．昨日の講義のときも，青本氏自身から，超幾何方程式の階数についての定理の，美しい証明を教えてもらい，もちろん私たちより前にされた仕事ですが，私たちのやり方と比較することができました．私たちは三つ証明を考えていましたから，これで四つですね．この美しい証明を私は貴重なものと思います．

まだ終っていない仕事についてお話しするのは，こういう気持からです．秘密にする理由は何もありません．いま手にしている未完成の論文も，多分7月位にはできあがるでしょうが，証明も書いてありますから，必要な方がおられたらコピーをとって下さい．

では，超幾何函数のもう一つの定義に行きましょう．前の定義は，この定義の特別な場合になっています．その意味で，Grassmann 多様体上の超幾何函数のことは，strata の上の超幾何函数も含めて，'古典超幾何函数' と呼んで区別することにしましょう．もちろん判っていない問題もたくさんありますが，全体像については今や見渡せるところに来ているわけですから．

n 次元の空間を考えて，その格子 $\mathbb{Z}^n$ を考えます．そこで，整数のベクトルの集合

$$\chi_j = (\chi_{ij})_i \in \mathbb{Z}^n \qquad (j = 1, \cdots, N)$$

を考えます．これらのベクトルが次の2つの条件を満たすとしましょう．

1)　χ_j $(j = 1, \cdots, N)$ は，$\mathbb{Z}^n$ を生成する．

2) ある整数の組 $c_1, \cdots, c_n$ に対して,

$$\sum_i c_i \chi_{ij} = 1 \qquad (j = 1, \cdots, N)$$

代数幾何の言葉で論じることもできますが, 同じことなのでトーリック多様体の話は省略します. まず, V を N 次元空間としてその座標を $(v_1, \cdots, v_N)$ とします. ここで次の作用素を考えましょう.

$$Z_i = \sum_{j=1}^N \chi_{ij} v_j \frac{\partial}{\partial v_j} - \beta_i \qquad (i = 1, \cdots, n)$$

但し, β_i は予め与えられている定数です. この作用素は Zelevinsky, Kapranov との論文に出てくるものです[3]. それはやはりここにも関係のある, Zelevinsky, Graev と書いた論文の続編です[4]. 我々は, Grassmann 多様体の超幾何函数の冪級数を分析することで, その一般化を得たのです. さて L を, $\mathbb{Z}^n$ の中の整数ベクトル $a = (a_1, \cdots, a_n)$ であって, 条件

$$\sum_j a_j \chi_{ij} = 0 \qquad (i = 1, \cdots, n)$$

を満たすもの全体のなす格子としましょう. 次の微分作用素を考えます.

$$\square_a = \prod_{a_j > 0} \left(\frac{\partial}{\partial v_j}\right)^{a_j} - \prod_{a_j < 0} \left(\frac{\partial}{\partial v_j}\right)^{-a_j}.$$

上の条件から係数の和について

$$\sum_{a_j > 0} a_j = - \sum_{a_j < 0} a_j$$

が成り立ち, 従ってこの作用素の二つの項の階数は等しいことが簡単に判ります.

この作用素を用いて次のような V 上の微分方程式を考えます.

$$Z_i \varphi(v_1, \cdots, v_N) = 0 \qquad (i = 1, \cdots, n)$$

---

[3]Funkts. Anal. Prilozh. **23** (1989), 12–26 [Funct. Anal. Appl. **23** (1989), 94–106].

[4]Dokl. Akad. Nauk SSSR **295** (1987), 14–19 [Sov. Math. Dokl. **36** (1988), 5–10].

$$\square_a \, \varphi(v_1, \cdots, v_N) = 0 \qquad \text{for all} \quad a \in L.$$

この方程式を満たすような函数のことを整数ベクトルの組 $\{\chi_j\}$ に付随した超幾何函数と定義します．これは見かけ上無限連立の方程式ですが，実際には有限箇で生成されています．

整数ベクトル χ_j 達は一つの超平面上にあり，その凸包はある多面体を定めます．これを Newton 多面体と呼びましょう．Newton 多面体は，この超幾何函数の理論に於て欠くことのできない役割を果たします．結果的には，多面体についての議論のあらゆることが超幾何函数に関係しているとも言えます．後ほどこの多面体の言葉で命題を述べるつもりですが，超幾何函数のさまざまな性質は多面体を用いて調べることができます．その後で，以前の講義で述べた古典超幾何函数が，如何なる意味で，この超幾何函数の特別な場合になるかも説明したいと思います．まず

定理 1. 上記の微分方程式系はホロノミック系である．

この方程式は特異点をもっていますが，それを除いた開集合の上の一般の点では，線型独立な解を構成することができます．その意味で

定理 2. 解空間の次元は対応する多面体の体積に一致する．

但し，多面体の体積を考えるときには，単位単体の体積が 1, つまり基本立方体 (cube) の体積が $n!$ になるように規格化しておきます．

三番目の定理を述べましょう．これは解空間の基底に関する重要なものです．$SU(n)$ の有限次元の表現の場合でもそうですが，次元が判ったとしても，その基底を実際に求めることは，大問題なのです．この場合でも，いかにして解空間の基底を求めるかということが問題なのです．構成法については説明しませんが，次の定理が成立します．

定理 3. Newton 多面体のある種の単体的三角形分割の各々に対して，方程

式の線型独立な解を構成することができる.

どの様な三角形分割をとるかという条件についてはここでは述べませんが, かなり多くのものがこの条件を満たしています. これは大変面白い事実で, $SU(n)$ の有限次元表現の場合でも, 何か多面体が対応していて, その三角形分割が, Gelfand-Tsetlin 基底のようなものと関連しているのではないかと推測しています.

この三つが, 我々の超幾何函数についての主定理です. 四つ目は, 超幾何微分方程式の特性多様体の記述に関するものです. 特性多様体の成分と Newton 多面体の面との対応があり, 例えば重複度も面の体積で与えられます.

どうやって証明するかにも, 触れておきましょう. 真正直に, 細心の注意を払いながら, 古典超幾何函数の冪級数表示やそれを得る過程を眺めていると, 解の基底を構成する一般的な原理が見えてきます. 今の場合も, 具体的に冪級数を書き下して, 解空間の基底をつくることができます. もちろんこれは, 積分表示の胞体の問題とも関連しているはずで, 昨日の青本氏のやり方も, 組合せ論的に拡張できるのではないかと思われますが, はっきりしません.

この超幾何函数がどの様な形で積分表示できるかについても, お話しすることにしましょう. 古典超幾何函数の場合には, 1 次式の冪積の積分でしたが, 今度は,

$$\int P_1{}^{\lambda_1} P_2{}^{\lambda_2} \cdots$$

という形の, 一般の多項式の冪積の積分を考えることになります. 以前は, このような一般の積分に対して系統的な議論ができるなどとは思ってもみませんでした. しかし, これは, 私たちが真正直に, しかも注意深く 1 次式の場合を追求してきたことが報われたのだと思います. このことで私たちは少々興奮気味になっています.

最初の講義で超行列式のことをお話ししましたが, 超幾何函数の理論が第一のアプローチから第二のアプローチへ拡張されたのと同様に, 超行列式もま

た，多面体の組合せ論に結び付いた形で拡張することができます．これはま
だ，未完の仕事です．それほど不思議なことではありません．じじつこの拡張
された超行列式の理論は，超幾何函数の特異点を，多面体の組合せ論によって
記述する方法を提供するものです．

Grassmann 多様体 $G_{k,n}$ 上の超幾何函数が，どの様な意味で今日の超幾何
函数の特別な場合になっているか，説明しておきましょう．左からの $GL(k)$
の作用を消去して，局所座標系

$$\begin{pmatrix} 1 & 0 & \cdots & 0 & v_{1\,k+1} & \cdots & v_{1n} \\ 0 & 1 & \cdots & 0 & v_{2\,k+1} & \cdots & v_{2n} \\ & & \cdots & & & \cdots & \\ 0 & 0 & \cdots & 1 & v_{k\,k+1} & \cdots & v_{kn} \end{pmatrix}$$

を考えましょう．この座標 v_{ij} で決まる $N = k(n-k)$ 次元のアフィン空
間を V と書いて，前に考えた線型空間に対応させます．この変数で超幾何
函数を表わし，Cartan 部分群 H_n に関する斉次性を考察することによって，
今日の定義で出てきた整数ベクトル χ_j が決まります．Cartan 部分群の元
$(\lambda_1, \cdots, \lambda_n)$ の作用は，この座標でみると

$$v_{ij} \to \lambda_i^{-1} \lambda_j v_{ij}$$

となる．これから各座標 v_{ij} $(1 \le i \le k; k+1 \le j \le n)$ に対する整数ベクト
ル χ は，第 i 成分が -1，第 j 成分が 1 で他の成分は 0 のベクトルとなること
がわかります．

箱を n 箇横に並べた図形を用意しておいて，それぞれの箱に成分の整数を
書き込んで，各整数ベクトル χ を表わせば分かりやすいでしょう．

$$\overbrace{\boxed{0} \cdots \boxed{-1} \cdots \boxed{0}}^{k} \| \overbrace{\boxed{0} \cdots \boxed{1} \cdots \boxed{0}}^{n-k}$$

n 箇の箱を左側の k 箇と右側の $n-k$ 箇に分けて，左側には 1 箇所だけ -1 を

右側には 1 箇所だけ 1 を書き込むことにして得られる $N = k(n-k)$ 箇の整数ベクトルがこの例での χ 達になっている訳です. この場合の n 箇の Euler 作用素は

$$Z_q = -\sum_{j=k+1}^{n} v_{qj}\frac{\partial}{\partial v_{qj}} - (\alpha_q - 1) \qquad (q = 1, \cdots, k),$$

$$Z_q = \sum_{i=1}^{k} v_{iq}\frac{\partial}{\partial v_{iq}} - (\alpha_q - 1) \qquad (q = k+1, \cdots, n)$$

となります.

　今日お話しした定式化の一つの弱点は，一般的設定ではコンパクト化した上で為されていないことです. いまの Grassmann 多様体上の超幾何函数の場合でも，Grassmann 多様体のアファインな部分でしか記述していません. もし可能ならばですが，この一般的な設定の下で正しいコンパクト化を探し出すというのは大変興味ある問題です.

　先程の Grassmann 多様体の場合には n 箇の箱を二つに分割しましたが，当然これを三つに分割することも考えられます. このような場合には，最初の講義でお話しした超行列式との関連が出てきます. 二つに分割した場合が長方形の行列で ... 二つに分割する場合でも，箱の中に書き込む数字のパターンをいろいろに変えることで，シンプレクティック群や直交群に対応する超幾何函数を扱うこともできます. 詳しく述べることはできませんが，あらゆる Hermite 対称空間に付随した超幾何函数がこのようなやり方で記述できるというのは面白いことだと思っています. Hermite 対称空間は線型化できる，つまりアファインな部分をうまく選び出せば，その上では Cartan 部分群の作用が線型となるようにできるのです.

　注意していただきたいのは、Grassmann 多様体上の超幾何函数は，今日お話ししている第二の定義の単なる特殊な場合ではないということです. Grassmann 多様体上の超幾何函数では，一般の位置の場合だけでなく，それぞれの strata に対応する超幾何函数が固有の存在意義を持つことを強調してきました. この strata の上の超幾何函数の中には，線型化できて第二の定義

の枠内にはいるものもありますが，strata によっては線型化できないものもある．という訳で，二つの定義が存在するのは，それなりの理由があってのことなのです．一方だけで統一的に扱えるという具合には，まだなっていません．

なお，1次式だけでなく2次式の冪も含む積分について，Aomoto の興味深い仕事がありますね[*5]．これもきっと，Hermite 対称空間の超幾何函数の理論でうまく捉えられるのだと推測しています．

もっと詳しくお話しして本当に楽しんでいただけるまでになればよいのですが，それにはあと 2, 3 回の講義が必要です．残念ですが，それだけの時間もないでしょう．いまは，超幾何方程式の解の級数表示の，一番大事な式を紹介することに留めておきます．

次のような形式的冪級数を考えましょう．

$$\phi_\gamma(v) = \sum_{a \in L} \frac{v^{\gamma+a}}{\prod_{j=1}^{N} \Gamma(\gamma_j + a_j + 1)}.$$

但し，$v^\gamma = v_1^{\gamma_1} \cdots v_N^{\gamma_N}$ と書きました．ここに現われる複素ベクトル $\gamma = (\gamma_1, \cdots, \gamma_N)$ が，方程式に含まれていたパラメータ β と

$$\sum_{j=1}^{N} \chi_{ij}\gamma_j = \beta_i \qquad (i = 1, \cdots, n)$$

という関係で結ばれているとすると，形式冪級数 $\phi_\gamma(v)$ が超幾何方程式の解となることが証明できます．和をとる所は，整数ベクトルの系 (χ_j) から定めた格子 L の上です．級数はこのように bilateral, つまり両側に無限箇の項が延びていますから，どういう領域で収束するかより注意深く調べなくてはいけません．この形の級数達のうちで，いくつが共通の収束領域をもち，そしてそのうちのどれが一次独立な函数を与えるのかといったことも，結局のところ多面体の幾何の言葉で記述することができるのです．

この形の級数の特別な場合として，どんなものが現われるかにも触れておき

[*5]Tokyo J. Math. **5** (1982), 249–287; II, ibid. **6** (1983), 1–24.

ましょう. 2 変数の場合ですと, Horn による 14 箇の超幾何級数のリストがありますね. F_1 から F_4, G_1, G_2, G_3, そして 7 箇の H 達. 実際には, このうち函数として異なるのは 8 箇しかないんですね. 見かけ上 14 箇あっても, 解析接続でつながってしまうものがありますから. Horn のリストにある超幾何級数も, 適当な整数ベクトルの系 $\{\chi_j\}$ に対する $\phi_\gamma(v)$ として構成することができます. 多分そうだったと記憶します.

　解空間の基底について, 三角形分割に関係したところを少し説明しておきましょう. 例えば, Gauss の超幾何微分方程式の場合には, 2 箇の 1 次独立解がありますが, この 2 とは何でしょうか. これは, 二つの 1 次元単体の直積が 2 箇の三角形に分割されることに対応しています. Grassmann 多様体の超幾何微分方程式の場合は, 単体 2 箇の直積を考えて, それを単体に分割します. こうやって, 三角形分割から解の基底を見つけるのが最良の方法です. 詳しいことは省略しますが, 今日の一般的な枠組でも, 多面体の regular な三角形分割と関連づけて解の独立性を議論することができます. やるべきことは他にも山ほどありますので, 皆さんに興味をもってやっていただければ大変幸せに思います. (終)

　付記：講演のあと佐藤教授から, b 函数に付随する超幾何函数の理論との類似性についての指摘があり, 両者の関連についての白熱した議論があった. それは 1 時間にも及ぶ興味深いものであったが割愛する.

◆第5章◆ 科学における数学者の役割[*1]

　総長には先程申し上げたところなのですが，京都大学の名誉学位を受けるということは，最高の，しかも或る意味でわたくしの人生の中で他に代えがたい名誉であります．そう言う理由は沢山ありますが，ここではそのうちの二つ程の説明ができるかと思います．

　まず第一に，印象深いのは私の手掛けてきた仕事の殆どすべてが日本に於て実り多いものとなった点です．そのような反応を示してくれた国は世界中を見渡しても他にありません．このことは以前から知っておりました．注目すべきことです．これには何か心の奥底で深く響き合うものがあるに違いない．それにしても一体どういう理由によるのだろうかと，あれこれ考えを巡らしてきました．

　日本にやってきてその理由が徐々に判りはじめてきました．今や日本での数学のスタイルというものについて，以前に増して，実際に多くを知るようになったからです．数学のスタイルとは定理とか証明とかいったものを言うのではありません．定理とか証明などは多かれ少なかれ標準的で，どこにあっても

[*1]京都大学名誉学位記念講演 1989 年 3 月 27 日 (月) 11:00 – 12:00

大差ありません．それはそれで結構なのです．しかし抑揚のつけかた，つまりスタイルというのは場所場所で全く異なるものです．ここ日本での数学の行ない方について現在随分判ってきましたが，更にいろいろ学ぶこともあると思います．

　例えば，私は学生を教える時，彼ら自身で考えるべきことは何をやっているかということであって，やっていることに於て自分がどれくらい優れているかなどではないと言います．ところが何をするにも業績や記録に於て一番だとか二番だとかいう順位が主な目標になっている国も多いのです．私からするとこれは余り好ましいことではないと思います．ご存じのように私の論文には自分の学生との共著論文が多く含まれています．それは私の教育の唯一のやりかたであり，且つ亦彼らから学ぶ唯一の方法でもあり，同時にいつまでも老いずにいる秘訣なのです．

　日本でも同じです．日本人の仕事ですぐれたものには，三人共著，四人共著もあります．このようなことは他の国では余りお目にかからない．このスタイルはとても重要なものだと思います．

　お断りしておきたいのですが，この講演は極めて個人的なものだということです．私が科学に於て何をやっているのか，短い時間でも，できるだけ近い姿をお伝えしたいと思っています．勿論この57年間の数学の仕事を40分で要約するなんて易しいことではありませんし，第一私自身にそれが正しくできるとも思いません．それでも今感じていることについてお話ししてみようと思っています．

　まず言っておきたいのは，私は数学というものを，たとえばインドにおける孔雀の頭のようなもの，総長はそうおっしゃったが，ではないと思っていることです．というのは私は次のように考えるからです．

　長年，25年ほどにもなりますが，私は別の専門である実験生物学にも関わっ

てきました．以前は神経生理学でした．私達は論文をまとめて本も書きました．回転運動に於ける小脳の働き，というもので極めて実験的な性格を持ち数学は全く用いません．

また別に，友人であり生物学に於ては先生でもある Vasilev とともに多くの論文と本も一冊書いたのですが，細胞生物学で培養菌の繊維枯れを扱いました．

というように，私はずっと数学にのみ興味をもってきたわけではないのです．このような経験を通じてこの頃判ってきたことというのは，神は――いや神という言い方でなくても何でもいいのですが――この世が成り立ち行く筋書きを二つ創造したということです．一つは原子，素粒子，列車，コンピューターなどの非生物系の世界．もう一つは細胞，脳，人類，昆虫，社会，言語などの生物系の世界．この双方で仕事をしてみて，或いは言語に関する興味だとかその他のことから判断して，私は最終的に以下のように結論するようになりました．

――勿論，極めて個人的な見方ですし，それに固執するものでもありません．――

ともかく神は世界を異なった二つの企画の下に作って，その一つは非生命系を司るのです．奇跡のように数学はその世界にぴったりしています．想像力がまるっきり使えないような抽象的な物事について我々が数学でうまくやっていけるのも奇跡です．我々は説明もできるし，見ることもできる．数学は単なるゲームとしてできたのです．しかし程なくして常に物理学に使われるようになるなんて奇跡ではありませんか．

ところが生命系に移ってみると，例えば私のよく知っている細胞生物学や神経生理学などで数学が決定的に重要な例など見当たりません．物理学ならば高度な数学という言語無しに語ることなど到底できないのに対し，生物学ではそんな言語では喋れないのです．もし生物学的なことを数学の装いで説明してあるとすると生物などそこには殆ど確実に見つけられないでしょう．

他の分野を研究したいと思ったのもこの異なる思考様式で何が必要なのか見いだしたいが為でした．いくつかの一般的原理というものは勿論あります．生物学のほかのものごとを研究したときにはとてもよく似た思考方法に出くわしました．しかしそれは数学的方法とは違いました．

我々の文化の欠点とは何でしょうか．数学が支配的な役割を果たしていることです．それは我々が古い時代から文化として受け継いできたものであります．というのも人類は宇宙を理解するのに最も簡単なもの，非生物学的なものから始めたからです．そのような場面に於ては数学は十全で極めて役に立つ唯一の道具なのです．

しかし数学には科学技術主導の政治を助長するという欠点もあります．それは実に危険なことであり，現に我々はそのような有りとあらゆる問題に直面しています．その種の問題には二つの特徴があります．一つは問題が一国の中だけで解決できないという点です．例えば公害問題だとかエイズ (AIDS) だとかはこういったものですが，由々しき問題です．我々数学者は危機の起こる確率が計算できます．個々の国で対処すればよいといった問題では決してないのです．

同様に容易でないと思われる問題，エネルギー危機だとか食料不足もあります．問題自体は単純ですが，21 世紀にはやってきます．このような見地からしても，私は単に科学技術的，或いは敢て数学的といってもよいでしょうが，ではない一般原理がきたる未来に向けての主要課題として求められていると思うのです．

私は幸い 25 年前，友人の故 Tsetlin と共に生物学を始めることができました．彼とは以前に数学でも一緒に仕事をしましたが，Gelfand-Tsetlin basis としてよく知られるようになったものもその中にあります．我々が生物学を始めたのは物理学の蔓延を幾分恐れたからなのです．因みに Tsetlin は物理学者でした．

生物学に向かうにも一般的視点がいくつかありましょう．はじめは数学を使

うことを考えました．しかし三四年後には，それは正しいものではないと思うようになりました．そこで我々は本物の細胞生物学や神経生理学に進んだのです．生物学者としてはまだ未熟で経験が足りなかったところもあったのですが，今はどんなことをやったのかなど立ち入ってお話しすべき所ではありません．

　最も重要なことは異なる基本精神だと思います．私は一般的哲学が見いだせるものと確信していますが，この文化に於ける新しい跳躍には日本こそが最適だと思っています．

　日本に於ては奇跡がありました．第二次大戦後，科学技術的に飛躍しました．コンピューターや自動車などすべてに今や世界屈指です．しかしこれは日本文化の本来の型ではないでしょう．勿論これらの飛躍は日本にとって必要だったし，だからこそやってきたのでしょう．しかし文化的に例外の部分ですら斯くも奇跡的に成し遂げてきたのなら，生物系の世界の最重要課題について，そしてその一般的哲学に対しても同じように貢献できない筈はないでしょう．

　数学の悪い点について述べてきましたが，良い点についても言っておきましょう．私が数学的訓練を経てきたことは一般的な視点からいっても極めて重要だったと思います．それは具体的な実験生物学をやる点に於ても大いに役に立ってきました．公式や定理そのものではありません．物事の考え方ということが大切なのです．

　この点で，先程総長が説明してくださったのですが，京都大学では初めの二年ほど一般教養の課程があるということで大変喜ばしく思っています．勿論，教養課程の中には技術的なことも含まれるべきです．それは言語やその他のものに成り得るものです．

　一般的な事柄については以上で終わりにいたしましょう．

　つづいて今まで述べてきた流れが数学にどうつながるか説明してみましょう．数学に於ても新たな転換点が訪れていることは今までの説明からもお判り

でしょう．私の見地からすればこのような流れは避けられないもので，物事の中心が常に人間的な部分に向かうのは必然的です．これは単なるお話ではなくて実際仕事をしてきて思うことです．それはこれまで既に成されてきた数学にまで影響を与える訳では勿論ありません．数学は人類の文化的到達点として最高の地位を占めています．それでも今後何らかの意味で変わらざるを得ないのです．

何年にか亘って数値解析とかかわりコンピューターにも経験がありますが，数学に於ける組合せ論の役割は今後日増しに高まってくると思います．数学では他の分野を決して低く見積ることはできません．

例えば Einstein が相対論を発見した時には，その数学的基礎であった微分幾何の役割が飛躍的に増大しました．量子力学が発見された時にはやはり函数解析が大変成長しました．私が思うのには次の世代には組合せ論的思考法が大いにもてはやされることになることでしょう．組合せ論は長い間ゲームの仲間と看做され，謂わば日陰者だったのですが．

もう一つ言いたいことがあります．神秘主義的象徴的思考法 (mystical way of thinking) について語ることがあります．そういう思考法があります．そのことばは西洋の合理主義的文化から出てきたもので高々二百年かそこらの新しいものだと思います．しかしその思考法で思いがけない考え方ができるのです．これは大切なことなので一言いっておきたかったのです．

数学に於て何が重要かという点について述べてみたいと思います．勿論私見に過ぎないことはお断りしておかなくてはなりません．目下どのような問題に興味があるかを説明します．時間があれば是非とも取り組んでみたいと思っているのですが，その内のいくつかについては今まで仕事をしていないか，したとしても大したことはしていません．また何らかの仕事を始めた時，主な構想は同じなのに説明や実現の仕方が，始める前と全く逆転してしまうことがあることもよく承知しています．従って，仕事をしていないことについて話すとな

ると，後になって今お話ししていることと全く逆の話をすることにならないとも限りません．

以上のようなことを了解いただいた上で私の考えを述べることにしましょう．それは変わり得るものだし，全くの誤りかも知れないという可能性を残しているのです．

さて，私は今5乃至6箇の異なるテーマについて，時間が充分あれば仕事を開始しじっくり考えてみたいと思っています．ここではそれらに手短にしか触れることができません．詳しく述べるとなると，現時点で言えることだけでも，それぞれ一つ一つに二時間ほどかかることになるでしょうから．

実は全く仕事をしていない事柄について話すのは今回がはじめてです．皆さんにもよく理解していただきたいことは預言者になるなんて不可能だということです．もし誰かが預言者だと言えばそれは間違いに決まっています．

私はこのことを有名な数学者 David Hilbert の逸話から学んだのです．彼自身はそのつもりはなかったかもしれませんが，ドイツ流のやり方で預言者の衣装を身に付けました．彼は或るとき数学の三つの重要な問題について語りました．一つはゼータ函数の零点に関する有名な Riemann 予想です．二番目の問題は正確には思い出せません．三番目は $2^{\sqrt{2}}$ が超越数だということの証明でした．さてこれを話したとき彼は既に老境にさしかかっていましたが，そのことをドイツ流に表現しました．

第一の問題，Riemann zeta の零点については，彼は彼自身生きている間に解決されてしかもその証明を理解できない程には歳老いていないことを望みました．二番目の問題については何だったか忘れましたが，ともかくそれが解ける時まで生きていられるようなら心強いと述べました．つまり生きている可能性はあっても証明を理解するには歳をとりすぎているというのです．三番目の $2^{\sqrt{2}}$ の問題については，彼はそれが解決する時まで生きていられようとはとても望めないとしました．

ところが実際はこの逆だったのです．第一のゼータ函数の零点に関しては今日に至るも解決していません．二番目については忘れたのですが，三番目の $2^{\sqrt{2}}$ については Hilbert が上のように述べたその二三年後にロシアの Gelfond とゲッチンゲンの Carl Ludwig Siegel によって解かれてしまったのです．尤もこれがつまらない問題だというのではなく，私も良い問題だとは思います．ともかく，上の教訓から，預言者になろうと思ったら余り精確に述べることは避けるべきだとお判りになると思います．預言などしないに越したことはないのですが．

- まず第一に無限次元の微分幾何学について触れましょう．あと 15 分ありますからこれについての持ち時間は二三分というところです．実に多くのものがこれに関係しているのです．その例を挙げましょう．一つには佐藤幹夫氏とその共同研究者たちによって発見された事実で，無限次元の幾何学的対象である無限次元 Grassmann 多様体があらゆる可積分系に於て支配的な役割を演じているということがあります．

他にも，今はなぜ面白いかを説明している余裕はありませんが，無限次元の微分方程式という大変興味深いものがあります．今回，柏原正樹氏と話す機会を得て，彼もこれについて近い将来取り組むつもりだと聞いてとても嬉しく思いました．ここでは二重ファイバー (double fibration) の方程式系の間に双対性が申し分なく成り立っている点が大切なのです．これは有限次元ではうまく行きましたが，偏微分方程式系では駄目だったのです．

次の例として変分法を挙げましょう．変分法が無限次元空間の中のありふれた解析だなどと言ってしまっては間違いです．それだけでは終わらない際立つ部分があります．というのも，函数は局所性を持っているので代数として扱えばよいというものではないのです．その基礎的部分について，東京か，或いはその後京都に戻って来てからお話しできればよいと思いますが，これは古いや

り方の変分法に比べて格段に面白くまた現代的なものなのです．ここで改めて新しい無限次元微分幾何に向かわなくてはいけないのです．

以上が第一番目のものです．

● 我々はまた無限次元空間についての古典的な問題も持っています．古典的な函数解析です．古典解析は今や新たな局面に入るべきだと思っております．ロシア語では vitoc と言いますが，ねじのもう一捻りという意味です．こう述べるにあたってはいくつもの説明が可能です．理由を三つほど述べましょう．

まずは微分作用素のスペクトル解析です．常微分作用素ですら，自己共軛とか正定値とは限らないものを扱う時，様相は全く異なり興味深いのです．シンプレクティックな微分方程式，つまりシンプレクティックな微分作用素のスペクトル解析のようなものは，形式的には例えば Sturm-Liouville 方程式といった自己共軛微分作用素の解析と似た側面を持っていますが，実は決定的に違うのです．この話は東京で (学会の時) いたします．

別の理由として，無限次元の離散群の表現を扱うに際して函数解析で現有の Banach 環，C^* 環や von Neumann の因子環などでは満足に行かないことを挙げましょう．このことは第一番目の部分でも触れておくべき事柄でした．どこをどう変えるかについての予備的な考察をすることが可能だと思います．

三番目は荒木不二洋氏から学んだことですが，重要なものです．量子場の理論を展開しようとする時，各点に於て極限として無限次元空間の作用素環乃至は因子環を得る必要があります．点が格子状に並ぶ場合については，これは可能ですが，しかし更なる極限には至れません．こういうことを扱おうというのが荒木氏の発想です．因子環の理論に更に何が付け加えらるべきかは極めて重要なことです．

● 第三の問題は，私が長年知りたいと願いながらどうしていいか判らなかった事柄で，空間というのは何なのかという問いです．一体何なのでしょうか．古典的にはご存じでしょう．ユークリッド幾何学ですね．学生達だって良

く知っています。点の間の距離だとか直線だとかそういったことです。

しかし物理学では 10^{-31} センチメートルという臨界長 (critical length) が存在します。無限小だとか無限に近くの点だとかをどう説明できるというのでしょうか。点が別の点に近づくというのを一体どう言えばよいのでしょうか。実際どうしようもないのです。ところが物理学では臨界長というものがあって，それより近くのことを考えるのは物理的に意味がないということがあります。空間がユークリッド空間だとか多様体だとかいえる根拠はまったくないのです。

このような難点を避ける方法は幾らもあります。一つは数学的見地から大変興味深いのですが，string 理論というもので，それによるとうまい具合にこの臨界長のことが説明できます。それによると我々は余分な次元を持っていて空間は 26 次元だというのです。薄い空間が層状に我々の四次元空間にくっついているというのです。その層が大体臨界長の大きさなのです。これはしかし一種言い換えでしかない部分を含むともいえましょう。というのはこの為にはユークリッド空間だとか Riemann 多様体だとかから出発しなければならないからです。そうする理由がどこにあるのでしょう。想像力を働かせてみると別の数学をいくつも展開しなければなりません。数学はこの異なったこのモデルを作り上げ，そしてそれが正しいと選び出す為だけに存在するということになってしまう訳なのです。

二つの手が考えられます。重力理論を量子力学的に扱うに際し，ひとまず出発点にとる方程式は後になって結局は正しくないと判るものでもよいのです。手始めに無限小構造の入った Riemann 空間から始めるのです。しかし一方，実は Riemann は微分幾何とは何であるかを述べた講演で，そのようなものは Riemann 空間の一つのモデルに過ぎないと彼自身言っています。仮にごく小さい距離間での相互作用が判ったとしても，その局所作用は，何かしら離散的なものになる可能性があります。我々は今までこのような離散モデルをうまくつくることに成功していません。

ここで或いは，違う次元の小さい空間が入り込んでくるのかもしれません．それは沢山の異なったものでもありえましょう．小さい領域では渾沌状態になっていて，空間はもはや存在しないのかもしれない．カオスについては新しい驚くべきことが判っています．最近での大きな発見はカオスが秩序を生みだすということです．エルゴード的なものの中にも何かを見いだすことができます．今ではきれいな絵の入った本も出ていて，簡単なカオスのモデルの中にある秩序のさまもこの目で見ることができます．ごく小さい距離間に空間がないことだって説明できてよさそうなものです．

● 位相幾何学で何らかの部分を変えてみようということ，それは幾何を組合せ論的に扱うことですが，それにはかなり時間をかけたものの大変だと判りました．そのごく手始めの部分をやるのにも随分頑張ってやらねばなりませんでした．これはとても大事な仕事だと思っています．A.M. Gabrielov と M.V. Losik とで始め，今では M.I.T. の Bob MacPherson が引き継いでいい仕事をしてくれています．組合せ論的特性類の仕事です．

● ホロノミー系に関する部分は今は省略いたします．或る意味では，これについての基本的な考え方は既にすべて実現できたとも言えましょうから．

● これで話のおしまいにするつもりですが，組合せ論についてのテーマがあります．ご存じのように，我々の思考方法は，例えば群論のような良い対象を扱う時，分析的なものが優位を占めます．しかしこれでは充分ではありません．理由は二つあります．組合せ的数学は境界に位置していました．また我々はごく簡単なことしかやってきていません．

行列式のことをご存じだと思います．それは或る種の単項式の和です．どのような単項式かというと，行列の縦横から各々丁度一つずつ選んでやるのです．たとえば具体的に書いてみましょう．

	1	2	3	4	5
1					×
2				×	
3	×				
4			×		
5		×			

この図のような場合は，$(1,3),(2,5),(3,4),(4,2),(5,1)$ を取り出した単項式です．各行各列から一つずつ選ぶのです．

このようにして自然に対称群の定義にたどり着きます．単項式につける符号は対称群から決まるものです．これはこれで大変うまくいっているもので，我々は満足してもよいでしょう．組合せ論で何をやっているかはこれを見れば好く判るのです．できている結果というのは，この対称群の範囲を出るものでないと言えます．すばらしい英国学派のものでも，例えば Young 図形だとかそういったものですが，対称群を超えるものではありません．

しかし有限集合の相関関係といったものを考える時，上の行列では二つの集合間ですがそれ以上のものを考える時，どう扱ったらよいでしょうか．どのような代数的対象があるのでしょうか．このようなことは組合せ論の現在ある位置についての一つの説明ですが，代数と解析のはざまにいることがお判りになると思います．

別の例を以て組合せ論を説明すると，代数的な複体の幾何はそういう例だと看做すことができると思います．多様体が何であるか，単体分割はどうなっているか，これは有限箇の要素で記述できることです．位相幾何でもっと高級な道具を使うものだって組合せ論の面白い例になっているのです．

更には，コンピューターと関係して，数理論理学と組合せ論がつながります．現在の数理論理学は，確かに有用ですが，神経生理学をやったときにはコンピューターのことを気に入らなく思ったものでした．というのはコンピュー

ターは一列に引き続く命令のつながりで，一段一段登るプログラムで動くものですから．

　ところが実際に我々の思考方法はそんなものではなくて，一度にいろんなことを考えるものではないですか．現に今だって，私はこのように喋っているし，同時に聴衆の皆さんが何をしているかに注意も払い，あと何分残っているかなと気にして．．．，ああマイナス一分か，などと考えたりしているわけです．我々の思考は同時並行的に沢山の路を走っているのです．そのことから自然にパラレルコンピューターへの発想に至ります．別の理論がそこでは必要になってきます．組合せ論の役割は，その際あらゆる方向で決定的に重要になってくることでしょう．

　お話ししたかったのは以上のようなことでした．

　どうも有難うございました．

◆第6章◆ 経歴と研究について

　Gelfand 教授 (Izrail Moiseevich Gelfand) は 1913 年 9 月 2 日に Odessa の Krasnye Okny に生まれた[*1]. その地で中等教育を受けた後, 1930 年モスクワに出た. 郷里において 15 歳の少年が, 定積分の計算から, 所謂 Euler-Maclaurin の公式を独力で発見したエピソード等が, 教授自身によって語られている [1]. モスクワでは Lenin 図書館の仕事などをするかたわら, 夜間学校で数学を教えた. また同じ頃, モスクワ大学の数学の講義を聴講し, セミナーにも出席していた. 1932 年には Kolmogorov のもとで研究生となり, 函数解析をテーマとして与えられた. 1935 年に学位論文 "Abstrakte Funktionen und Lineare Operatoren"[2] を提出し, つづいて 1938 年に "Normierte Ringe"[3] で博士の学位を得, 1943 年にモスクワ大学の教授となった.

　教授の数学における基本的業績の第一は, 函数解析の内容の革新である. 函数解析は, 20 世紀初葉に形成され, 1930 年代初頭に教授が数学の研究を始めたときには既に 30 年の歴史を持っていたが, その内容は, 抽象的な線型作用

[*1]生年月日は Uspekhi の 70 歳記念の記事による (これは全集第 1 巻に収録されている). 但し同じ雑誌にある 50 歳記念の記事には 8 月 20 日とある.

素の理論が中心であった．教授はこの領域において，ノルム環論や群の表現論を初めとする，新しい性格を持った理論を，逐次創生した．これらの個々の理論は，解析学の問題を，代数学，代数幾何学，トポロジーなどの手段によって研究することが共通しているが，それぞれは固有の対象についての精密かつ具体的な理論である．このようにして教授は古い函数解析を換骨奪胎して，個性を持った強力な諸理論の集合体としたのである．かかる構想は Amsterdam Congress (1956) に於ける講演記録 "Some aspects of functional analysis and algebra"[4] で明瞭に述べられている．

Gelfand 教授は 1940 年代初頭に群の無限次元表現の研究を始めたが，更に，その研究を基盤とし，そこで得られた解析学の新しい知見と方法を駆使して，数学の広範囲にわたってめざましい業績を挙げ続けている．以下に主要な研究を略述する．なお，これは文献と教授自身の言葉に基づいて作成したものであるが，いわゆる専門研究者のための資料ではない．むしろこれが，この傑出した学者の研究スタイルを理解する一助ともなれば幸いである．

先に触れた 1938 年の可換ノルム環の理論についての博士論文は，抽象的対象と古典的対象の密接な関係を鮮やかに浮き彫りにしたもので，20 世紀数学における最も有名かつ最も多くの引用がなされた論文の一つである．極大イデアルを点と看做すことによって可換ノルム環をコンパクト空間上の連続函数のつくる環として表わすというこの論文の構想は，現在の代数幾何の基本概念とも相通ずるものである．

有限群とコンパクト群の表現論は，20 世紀初葉に F.G. Frobenius, H. Weyl, E. Cartan 等によって研究されたが，その後はそれを超える可能性も，ましてその方向も不明のままであった．1942 年 Gelfand 教授は「局所コンパクト群には既約ユニタリ表現の完全系が存在する」という基礎定理を発見し，これによって，この分野の研究の "正しい" 方向を見出した [5]．この基礎定理に続いて Laplace の球函数を対称 Riemann 空間に拡張する理論を研究し，この一般球函数について透徹した結果を得た [6]．1944 年からこの球函数の理論を指針

として Lorentz 群などの基本的な群の表現について詳しい研究が行われた [7]. これは，表現論の契機となった量子力学の重要な方法となるとともに，古典理論で知られていた有限次元表現の存在や具体的な形についての予期されなかった意味を明らかにした．また数学内部の理論としても広範な発展があった．特に不変微分作用素，数論，力学系，更に多変数超幾何函数の理論等への影響は重要である．表現論の分野で，教授は常に研究を先導し，多くの独創的な結果を発表した．複素及び実単純 Lie 群の表現にとどまらず，局所体，有限体，アデール環等の上の代数群の表現を研究した．これらの表現論の視点は，更に保型形式の理論につながる．

理論物理学の場の理論では，無限次元の変換群が基礎になっているが，Gelfand 教授は 1970 年代初期に，この方面にも研究を進め，物理学と関連する数学の新境地をひらいた [8][9].

表現論の研究の過程で，半単純群のフーリエ変換において，ある種の積分変換が本質的な役割を演じていることが認識され，教授は 1959 年にその研究を開始しこれを積分幾何と名づけた．これは，解析学で知られている Radon 変換から出発した一般性を持った理論であり，必ずしも群とは関係しない幾何学的対象にも適用される．これによって，解析学と幾何学を結ぶ種々の理論が発展した．本書に収録した教授の講義の一般の超幾何函数の理論も Grassmann 多様体の積分幾何と深く関連している [10][11].

教授は，超函数論を新しい見地から構成し，種々の具体的問題，例えば，微分方程式，固有値問題，測度，群の表現等について見通しのよい扱いを可能にした．この成果はシリーズとして刊行されて，超函数論の基本的な教科書となっている [12].

微分方程式に関する研究の中で教授は，phase shift からポテンシャルを決定するという Schrödinger 方程式の逆問題を発展させ，現在 Gelfand-Levitan の方法と呼ばれる逆散乱法を開発した [13]. これはスペクトル函数から微分方程式自体を決定するという問題において基本的な結果である．この研究は数学

者と物理学者に大きな関心を惹きおこした.

また教授は 1960 年に楕円型作用素の指数のホモトピー不変性を示した [14]. この研究は微分方程式の大局的性質である安定性の問題に端を発している. 即ち方程式や解の本質的性質はホモトピー不変量によって記述されるべきであるという思想からこの研究が生まれた. この観点は Atiyah-Singer の指数理論によって継承された.

有限次元 Lie 環のコホモロジーについては, E. Cartan 以来知られていたが, Gelfand 教授は無限次元 Lie 環の場合にも, コホモロジーの有限次元性を示した [15]. 発見当時これは驚くべき結果とされ, 新分野の研究が開かれた.

Gelfand 教授の業績は純粋数学にとどまらず, 理論物理をはじめ種々の学問領域の問題に及ぶ. 計算数学や地震予知等もその例である. 数学と独立に教授は, 生物学の実験を行っている. 生物学の意義については本書に収めた講演 "The place of mathematicians in science" に述べられている.

1987 年から 89 年にかけて全集 3 巻が出版された. その文献表に挙げられている論文は約 460 篇, 純粋数学のものに限ると約 260 篇である. その他の約 200 篇のうちの多くは生物学のものである. それ以後も研究成果は多数出版されている. 本書の講演で扱われている話題には, 全集に含まれていない重要なものもある.

Gelfand 教授の業績の巨大な全体像を要約することは至難であるが, 最も基本的と思われる特質をあえて述べるとすれば, 第一に数学の統一像を追求する姿勢であろう. それは単なる抽象によるのではなく, 諸問題に内在する具体的事物を通じて普遍的理解を目指す姿勢である. これについては本書に収められた講演で教授自身が語った数学と科学の見方を参照されるのがよいであろう.

また教授の基本的な数学観に関しては, 全集の自序の中にも次のような印象的な言葉が記されている:

「収められた論文の梗概を自ら記すよう求められたが, 著者にはそのような

権利などないと思う．人が科学において何かを成し得たとしても，それは天か
ら来たものであると私には思われる．それ故に，著者は彼自身の業績の判定者
とはなり得ないのである.」

参考文献

[1] I.M. ゲルファント: 「少年時代を語る」馬場良和訳, 『BASIC 数学』1989 年 7 月
号, 4–12. ロシア語の原文は Журнал "Квант" 1989 год, номер 1, 3–12, 英訳は
Quantum (1991), No.1, 20–28. ゲルファントの公式ウェブサイトから入手可能.
http://www.israelmgelfand.com/talks/quantum_interview.pdf

[2] I.M. Gelfand: Abstracte Funktionen und lineare Operatoren, Mat. Sb. Nov.
Ser. **4** (46) (1938), 235–284 (Collected Papers Vol. I, Part II, 2).

[3] I.M. Gelfand: Normierte Ringe, Mat. Sb. Nov. Ser. **9** (51) (1941), 3–23 (Col-
lected Papers Vol. I, Part II, 8).

[4] I.M. Gelfand: Some aspects of functional analysis and algebra, Proc. Int.
Congr. Math. 1954, Amsterdam **1** (1957), 253–276 (Collected Papers Vol. I,
Part I, 1).

[5] I.M. Gelfand and D.A. Rajkov: Irreducible unitary representations of locally
bicompact groups, Mat. Sb. Nov. Ser. **13** (55) (1942) 301–316 [Transl., II, Ser.,
Am. Math. Soc. **36** (1964), 1–15] (Collected Papers Vol. II, Part I, 1).

[6] I.M. Gelfand: Spherical functions on symmetric Riemannian spaces, Dokl.
Akad. Nauk SSSR **70** (1950), 5–8 [Transl., II, Ser., Am. Math. Soc. **37** (1964),
39–43] (Collected Papers Vol. II, Part I, 4).

[7] I.M. Gelfand and M.A. Najmark: Unitary representations of the Lorentz
group, Izv. Akad. Nauk SSSR, Ser. Mat. **11** (1947), 411–504 (Collected Papers
Vol. II, Part II, 2).

[8] I.M. Gelfand, M.I. Graev and A.M. Vershik: Representations of the group of
smooth mappings of a manifold into a compact Lie group, Compos. Math. **35**
(1977), 299–334 (Collected Papers Vol. II, Part IX, 2).

[9] I.M. Gelfand: I.M. Gelfand, M.I. Graev and A.M. Vershik: Representations
of the group of functions taking values in into a compact Lie group, Compos.
Math. **42** (1981), 217–243 (Collected Papers Vol. II, Part IX, 5).

[10] I.M. Gelfand, S.G. Gindikin and Z.Ya. Sharipo: A local problem of integral
geometry in a space of curves, Funkts. Anal. Prilozh. **13** (2) (1979), 11–31
[Funct. Anal. Appl. **13** (1980), 87–102] (Collected Papers Vol. III, Part I, 9).

[11] I.M. Gelfand, S.G. Gindikin and M.I. Graev: Integral geometry in affine and projective spaces. Itogi Nauki Tekh., Ser. Sovrem. Probl. Mat. **16** (1980), 53–226 [J. Soviet Math. **18** (1980), 39–167] (Collected Papers Vol. III, Part I, 11).

[12] I.M. Gelfand *et al: Generalized Functions* I ∼ VI. 以下に英語版の出版年と共著者を記す. I (1964, G.E. Shilov), II (1968, G.E. Shilov), III (1967, G.E. Shilov), IV (1964, N.Ya. Vilenkin), V (1966, M.I. Graev, N.Ya. Vilenkin), VI (1969, M.I. Graev, I.I. Pyatetskii-Shapiro).

[13] I.M. Gelfand and B.M. Levitan: On the determination of a differential equation from its spectral functions, Izv. Akad. Nauk SSSR Ser. Mat. **15** (1951), 309–361 [Transl., II, Ser. Am. Math. Soc. **1** (1955), 253–304] (Collected Papers Vol. I, Part III, 2).

[14] I.M. Gelfand: On elliptic equations, Usp. Mat. Nauk **15** (3) (1960), 121–132 [Russ. Math. Surv. **15** (1960), 113-123] (Collected Papers Vol. I, Part I, 5).

[15] I.M. Gelfand and D.B. Fuks: Cohomologies of the Lie algebras of tangential vector fields of a smooth manifold, Funktz. Anal. Prilozh. **3** (3) (1969), 32–52 [Funct. Anal. Appl. **3** (1969), 194–210] (Collected Papers Vol. III, Part II, 4).

付記

以上の『経歴と研究について』は 1994 年当時のものである. その後のゲルファントの仕事について網羅し, 詳しい解説を書くことは簡単にできるものではないが, 読者の便宜のために, 幾つかの文献を以下に挙げておく. なお上の [1] に引いたゲルファントの公式ウェッブサイトも参考にされたい.

- The Gelfand Mathematical Seminars, 1990–1992, 1993–1995, 1996–1999 (Eds. L. Corwin, I.M. Gelfand, J. Lepowsky; I.M. Gelfand, J. Lepowsky, M.M. Smirnov; I.M. Gelfand, V.S Retakh), Birkhäuser, 1993, 1996, 2000.

- The Unity of Mathematics, In honor of the ninetieth birth day of I.M. Gelfand (Eds. P Etingof, V. Retakh, I.M. Singer), Progress in Mathematics. **244**, Birkhüser, 2006.

- I.M Gelfand, M.M. Kapranov and A.V. Zelevinski: Discriminants, Resultants and Multidimensional Determinants, Birkhäuser, 1994.

- I.M. Gelfand, D. Krob, A. Lascoux, B. Leclerc, V.S. Retakh and J.-Y. Thibon: Noncommutative symmetric functions. Adv. Math. **112** (1995), 218–348.

- I.M. Gelfand, S. Gelfand, V. Retakh and R.L. Wilson: Quasideterminants, Adv. Math. **193** (2005), 56–141.

- V. Retakh (Coordinating Editor): Israel Moiseevich Gelfand, Part I, Notices Amer. Math. Soc. **60** (2013), No.1, 24–49; Part II, Notices Amer, Math. Soc. **60** (2013), No.2, 162–171.

◆第7章◆ ゲルファント先生の来日

吉沢尚明

　Gelfand 先生を招聘することを私が考え始めたのは 1970 年代のはじめに京都大学の数理解析研究所の所長に就任して間もなくだった．この背景は，私事になるが先生の数学との次のような縁であった：第二次大戦中に，大阪大学の学部のセミナーで先生の "Normierte Ringe" を読んで，戦後表現論を考え始め，数理研創立の準備の総合研究で物理の人達に表現論を説明し，1960 年前後に京都大学の数学教室に先生の函数解析の定着を目指してセミナーを開き，その延長上で 70 年代には数理研に独立専攻を設置するように京都大学を納得させたりした．

　この様なことから，先生を数理研に招聘したいと考えるようになったが，当時の国際情勢からこれはかなり困難なことであった．Nancy 大学がはじめて成功した理由を高橋礼司教授から教えて頂いたので，方針を立てることはできたが，幾つか解決しなければならない問題があった．

　80 年代中頃に発足した財団法人国際高等研究所の研究事業の一つとして，Gelfand 教授の招聘が認められた．これで費用は確保できたが，必須の条件と見られた名誉博士は，京都大学で以前から審議中であった．これが 88 年に漸

く決定し，招聘実行委員会を設置することができた．

3月15日に到着されたGelfand先生を空港に出迎えて，都内のホテルまでご案内した．私はそれが先生との初対面だったのだが，タクシーの中で興味のあることを伺った．

夫人とお子さんとが日本にバナナがあるかと尋ねておられた合間のことだったが，先生が突然述懐調で言われた：「自分は今まで数学でいろいろのことを考えてきたが，うまくいかなかったのは，神 (God) が埋めた真理を，掘り当てられなかったからだ．結果がうまく得られたのは，幸運によってそれを掘り当てた時だ．」続けて私の問いに答えて，（全集の序文にある）「天から (from above) 来る」も同じ意味のことだと肯定された．私がこの発言に強い印象を受けたのは，わが国でも，数学では小平先生，化学では福井謙一先生が，実質的にはこれと同じと思われる内容のことをお書きになっていたからである．(但し両先生とも "神" という語は使っておられない.)

翌日京都までご案内した列車の中でも，いろいろ伺ったが，特に次のような話があった：「自分は，数学と中枢神経系を研究して来たが，自分の中ではこの両者は一つのものになっている．」

この言葉は重要なことに思えた．私自身のことになるが，一つには，分子生物学に長年局外者的関心を持って来たことと，もう一つはこの前年に Gelfand 先生の著述全体を（読んだのではないが）調べた際に，先生の生物学の論文の概略や方向を，（国際高等研究所で知り合った）数人の生物学者（外国人では，特に S. Brenner 教授）にお尋ねしていたのである．その結果は，純然たる生物学の実験が主体で，数学とは直接関係しないと思われるということであった．このような前提で私は先生の言葉を解釈し，そのお考えを話していただくようにお願いした．こういう話はこれまでしたことがないと言っておられたが，結局名誉理学博士贈呈につづく講演に入れるということになった．その後，先生は日本学士院の客員に列せられた際，学士院に於ける挨拶で数学と生物学につ

いての同じ趣旨のことを述べられた.

列車の中の話の続きであるが,「自分は computer の並列処理について知りたいのだが, 誰かこういうことに詳しい人を知らないか. 計算機を実際に使うのではなくて, 理論的にだが」と言われた. 私は名前を挙げたが, 滞在中の先生の多忙のために果たさなかった.

Gelfand 先生の数学の著述には, 強い特質がいくつもあると思うが, 特に具体的な対象 ("物") の重視と諸理論の間のつながりの重視が, 私には (数学の勉強を始めたときから) 印象が強かった. 後者については, 超幾何函数はもちろんとして, polygamma 函数の多くの場面への出現は有名である. 特殊な例であるが, 半単純群の展開環の商体の構造決定に, (Kolmogorov の) functional dimension と同じ形の式が用いられることなども, 私には興味があった. 先生の来日直後, 国際高等研究所の理事長が設けられた席で, こういう同一性は数学の内的統一性の顕れであると考えてよいかとお尋ねしたところ,「それはまさに自分の根本的な数学観である」ということであった. これと同様のことになるが, 先生を囲んで数人で群の双対性などについての話をしていたとき,「群と双対のそれぞれの中に対応する公式が見つからなければ, 双対定理は面白くない」と言われた. 確かに, 球函数の一般論の中に見事なこの種の定理がある.

余談になるが, 同年の秋, 京都賞授賞式に再度来日されたときのパーティで, 先生に話をしている人がいたが, 後で私に「あの人は私がどんな研究をしているかと尋ねましたよ. 何と答えたらよいでしょうかね」と言って来られた. 私は,「自分は象だと答えられればよかったのではないでしょうか」と言ったが, その人と先生の問答を聞き逃したのは残念であった.

表現論の初期についても, 街を歩いているときなどに, 面白いことを伺った. その中に二つの基本的なことがあったが, その一つは球函数論で, 1950 年の論文から私が想像していたように, 表現論よりも前にこれができたことである.「局所コンパクト群の既約ユニタリ表現の完全系の存在」が判ってから多

分直ぐに一般球函数論ができたようで，「この理論で，ユニタリ性や補系列等を含めて，表現についての正確な眺望と研究の方針が得られた.」ということであった.

二番目は，半単純群の "horospherical subgroup"，つまり元の形では (のちに "Gauss 分解" とも称された) 上三角部分群を用いる表現の構成である．Gelfand 先生の論文では，これによる結果は一般的で簡明であるけれども，方法は複雑である．のちに超函数論を精密に展開しておられるから，その方向での方法を考えておられたのではないかと思ったが，自分から「核型表現や超函数などを作ってみたが，表現論にはどれも駄目だった.」と言われた．このことは東京大学でのセミナーでも言っておられた.

表現論初期のエピソードを幾つか伺ったが，どれも表現論の理解に有効・有益であると思う．例えば，「SL(2,C) の表現は，はじめに無限小の方法で (Lie 環を使って) 作った．そのときは確かに既約表現を全部構成した．つづいて integral にやりだしたのだが，或る時，Naimark が黒板を見て重要なことを言った：“恒等表現はどこへ行ったのか？”」ご承知のように，恒等表現の位置はユニタリ表現論の最も面白い風景の一つである.

またこれはエピソードではないが，ユニタリ表現を数え上げた最初の論文は多分，Naimark と共著の $ax+b$ の表現であろう．この論文には，これは確率論からの出題だと記してあるのだが，私は以前からそのことが気にかかっていたので，尋ねてみたが，覚えておられないようだった．Naimark も Kolmogorov も亡くなった現在，無限次元表現論の (多分) 最初の論文の契機が不明のままになってしまったことは，少々残念である.

また「有限群は Frobenius，Lie 群は Weyl や Cartan の文献によって念を入れて皆で学習した」ということであった．東京大学で行われた量子群のセミナーの中で，ゆっくりやるのだと，丁寧に要点をおさえておられたが，私に近付いて，「我々は，初期には Lie 群をこういう風に勉強した」と言われた．確

かに私自身も，1940年代後半に大阪大学で，角谷先生や安西広忠さんと一緒に同じような形でLie群の勉強をしていたことを思い出した．

表現論以外の分野については，本書の“研究”の項と他の方の感想に譲り，私としては立ち入らないことにする．先生自身が表現論からは離れている旨のことを言っておられるのに，ここで表現論の古いことを述べたのは，先生の数学の発展を跡づけたいという，私の個人的判断である．このことの根拠として，上述した東京から京都への列車の中で，先生が言われた次のことをお借りしたい：「いろいろな人がやっている数学について聞くのは面白いし尽力したい．しかし自分個人としては，数学観・数学の方向というような基礎的な話の方が面白い．」これは一人の数学者の数学は一続きのものである筈だというお考えとも関連すると思う．

ここで，いわゆる純粋数学以外の分野について，断片的だが2つの研究について述べさせていただきたい．先生の“地震予知”についての研究は興味深い．この中で，有名なSan Andreas断層の古い測定データに，自身で開発された予知方法を適用して，既に生じている(過去の)地震が予知されていることが確認された．即ち予知方式の有効性の検証である．89年秋の2度目の来日の時に伺ったことであるが，この方法で，(1988年に大きな被害を出した)Armeniaの大地震を予知してKremlinに通知したところ，予想震度が警報を出す規定の震度より小さかったので，Kremlinはこの通知を握り潰したという．私は招聘準備中から，わが国の地震学者にもこの研究を話していただきたいと思っていたが，結局時間切れになったのは残念である．

もう一つは関孝和の組み合わせ理論で，京都賞の際のワークショップのために，米国から電話で関の書物の英訳を要望されたのでお渡しした．今後，離散数学の重要性が増すことに関連したお考えからであろうと思ったが，日本の数学史への関心もあったかもしれない．「これについてセミナーをやってもよい」ということだったが，急なことで，これも時間切れになった．

招聘実行委員会では，「時には息抜きとして，Gelfand 先生に昔の話などを
して頂くのはどうか」という話もあったのである．それをやってみるつもりで
はなかったが，来日されて間もなく，数人で先生を囲んで前述のように双対定
理の雑談をする成りゆきになった．その中で，関連して私は，先生と Graev の
共著 (Trudy 第 4 巻) の話と，回転群の教科書の付録の話を持ち出したが，「自
分の昔の仕事をよく知っている人たちと話すのは楽しいことだ」と，大層ご機
嫌が良かった．もっともそんなことをしなくても，夫人も言われるように，面
白いと思われた数学の話なら，何時間でも続けられるようであった．

先生が教育に熱心なことは周知であるが，共著が多いのは教育のためである
ことを，直接伺うことができた．論文の書き方の勉強なのだそうである．「私
は世界中で最も優れた教育者だ」と言われたことは，言葉通りの意味ではない
としても，自分の数学を進展させようとする人には考慮に値するゆき方であ
ろう．

1 か月の滞在中，セレモニーのない日は殆ど毎日数時間，（広い意味の）教
育に尽力されたことは，関係した人たちに強烈な印象を与えたと思う．初めの
頃，心配になってお尋ねしたことがあるが，「確かに疲れた」と言いながら，離
日するまで同じペースを保たれた．離日の空港でも，いろいろと指導しておら
れた．しかし滞在中に二度，「自分はここで役に立っているか？」と尋ねられ
た．私は以前，招聘実行委員会での「先生が 1 か月滞日されることは，十年
後の我が国の数学に根本的な影響を与えるだろう」という意見に同感であった
ので，先生のこの問いに対して肯定したのだが，私が当時為すべきことがまだ
あったのではないかと今でも思っている．

追記

　以下の一文は講義録がほぼ完成したのちに，吉沢教授から編著者の一人 (梅田) に宛てた手紙の一部である．内容は講義録の最終的な形をどうするかという相談で，興味深いエピソードを付け加えるという提案も含まれていた．吉沢教授の書かれた『ゲルファント先生の来日』を補うものとして追記したい．

　なお，これに関しては，吉沢尚明教授　最終講義にもとづく『回顧』，ユニタリ表現論セミナー報告集 VII (1987) pp.127–156，の p.149 にも言及がある．

- 吉沢尚明教授の手紙 (2000 年 12 月 14 日付け　梅田亨宛；Gelfand 講義録に関する相談の手紙) より

　Gelfand が Moscow のセミナーでかつて重点を置いていたテーマに小平 deformation theory があった様ですが，これについて少々言及しておいても意味があるかもしれません．1970 年代に，米国で小平先生と話したのですが，「Spencer が Moscow へ行った折，Gelfand seminar では，小平先生の deformation theory の論文を集中的に勉強していた」というのだが，何故だろうと言っておられたので，私は，自分の推測として，Gelfand の短い論文 "duality" (？) の話をしたのですが，小平先生は珍しく感心した様子で，Gelfand を見直したという様なことを言っておられました．

　付け加えるのは，解説的なものでなく，この様な話の方が面白い (意味がある？) のではないかと思います．

◆第8章◆ 講義録の編集を終えて

　1989 年の 3 月から 4 月にかけての一ヶ月間，Gelfand 教授は国際高等研究所と京都大学数理解析研究所の共同招聘で日本に滞在し，京都，名古屋，東京でいくつかの講演をされた．その中の主だった講演の題目を以下に記しておく．

- 多変数超幾何函数についての連続講義 (於京都大学数理解析研究所)

  3 月 20 日 (月)　"On hyperdeterminants"

  3 月 22 日 (水)　"Hypergeometric functions of many variables I"

  3 月 23 日 (木)　"Hypergeometric functions of many variables II"

  3 月 24 日 (金)　"Hypergeometric functions of many variables III"

- 京都大学名誉学位の贈呈式での記念講演 (於京都大学本部キャンパス)

  3 月 27 日 (月)　"The place of mathematicians in science"

- 日本数学会 1989 年度年会での総合講演 (於日本大学理工学部)

  4 月 2 日 (日)　"The spectral theory of a pair of skew-symmetric
  differential operators on the circle S^1"

本書は上記の講演のうち，多変数超幾何函数に関連する京都での連続講義と，名誉学位贈呈式での記念講演を中心にまとめたものである．その他，3月31日(金)には名古屋大学理学部数学教室，4月10日(月)には東京大学理学部数学教室に於いて，講演とセミナーが行われた．これらの公式行事以外にも，私的なセミナーでは，時間を惜しむように若い研究者を巻き込んで精力的に数学を実践され，その姿は極めて印象深いものであった．

　本書の編著者の一人である野海は，Gelfand教授の来日前から，教授に随行して講義録を作成・執筆することを依頼されていた．当初は講演を録音したテープから，直接英語の講義録を作成することを目指したが，教授の生き生きとした講義の様を再現することは極めて困難であり，作業は遅々として進まなかった．1992年になって，この状況を脱するために梅田，若山が作業に加わることになり，且つまた，最終的には日本語の講義録としてまとめるという方針が固まった．その年の9月に鳥取・湖山池湖畔のホテル・ホリデーに於いて野海，梅田，若山の三人が九日間の合宿をし，テープから直接日本語の原稿を作成する作業を行なった．勿論その後も仕事は続いたが，本講義録の大枠はこの鳥取での合宿で形作られたものである．

　講義録は，録音テープと，講義に出席していた我々のノートを基にして作成した．英語で行われた講義のテープから直接日本語にしたので，英文のテクストが存在するわけではない．可能な限り，講義テープを忠実に日本語に移し換える努力をしたが，数学的内容が豊かなだけに，その作業は相応の時間と労力を要するものであった．我々なりにGelfand教授の意を推し量りつつ，書物としての読み易さも考慮して，忠実さをいくらか犠牲にした部分がないわけではない．非力のため，実際には意図を正確に汲み取っていない，あるいは誤解している部分もあるかもしれない．

　名誉理学博士の記念講演については，既に英文テクストの形で記録が存在していたので，それを翻訳した．また，Gelfand教授の「経歴と研究」は，読者の便宜のため，全集等を参考にして，編著者が独自に作成した．

本講義録の作成にあたり，友人の三町勝久氏は，脚注文献の整備とともに，原稿の細部についても忌憚のない意見を寄せて下さった．この場を借りて感謝したい．

1994 年 3 月

野海正俊
梅田 亨
若山正人

Gelfand の印象 (野海正俊)

　Gelfand 教授と接していて印象的であったのは彼のセミナーやディスカッションのスタイルである．仕事の動機，歴史的背景，主要結果の記述，証明についての注釈，等といったフォーマルなスタイルはお好きでないらしく，そのようなやり方は彼のセミナーのスタイルの対極にあるようである．

　彼のセミナーのやり方は図式化するとおよそ次のようなものであった．X 氏の新しい仕事について聞くことになっているとしよう．

- 「何の説明も要りませんから，今日話したい結果であなたが一番大事だと思う式だけ書いて下さい．」
- 「質問をしますから 'はい' か 'いいえ' か或いは 'その質問は意味がない' かのいずれかで答えて下さい．他の答えは要りません．では始めましょう．」
- 「その式は ** についてのこういう事実を述べたものですね．」
- 「x の定義は ** ですね．y は *** ですか．」
- 「こういう風に証明するのが自然だと思いますが，あなたの証明もその方法ですか．」

ここで yes なら

- 「判りました. 面白い結果ですね.」

逆にここで no なら改めて説明を求められる.

- 「これはこういう方向で拡張されると思いますが, それについてのコメントはありますか. (あたりを見渡しながら) 誰かコメントできる人はいませんか. ―― では私が説明しましょう.」

　演壇に上がり, つるを持って眼鏡をぐるぐる回しながらいかにも愉しそうに説明が始まる.

　およそこういうパターンである. 最初は唖然としたが, 何回も繰り返すうちになるほどこれは効率的なセミナーのやり方だと感心するようになった. モスクワのセミナーでも, このスタイルで無数の若い人たちの話を聞いているのであろうと邪推した. 最初の式を見て "interesting" とだけ言ってお終いになることもあるだろうし, 人によっては自尊心を傷つけられたと反撥する人もあるかもしれないが, 相手が Gelfand 教授だと素直に質問に答えようという気になるから不思議である.

　この "yes, no or meaningless" のパターンはセミナーばかりでなくもっと私的なやりとりでも踏襲される.

　公のセミナー以外にも, 数理解析研究所の Gelfand 教授の部屋で量子群関係のグループとの小規模のセミナーがあった. 量子群の部分群をどう理解するかがそこでの話題であった. 普遍包絡環や群の座標環の q-変形に量子群 (quantum group) という名前を付けたのは Drinfeld らしいが, Gelfand 教授は「この名前は誤解を招く. 単に q-group と呼ぶ方が良い.」と盛んに主張していた. 「むしろ affine Lie 環の方が . . .」云々. "量子群" と呼ばれるものはしかじかの要件を満たさなければいけないという彼自身の確乎とした基準があったらしい. その一つとして, 表現論が q の世界の特殊函数を自然に内包

するものでなくてはいけない，それが明確になっていないうちは――ということであったらしいが，日本のグループがまさにその仕事を始めていることを了解して，喜んでおられたようである．日本を発つ頃には，Gelfand 教授自ら，量子群とか量子等質空間といった表現を用いられるようになっていた．

そんな事情もあって，三町氏と私はセミナー以外でも，至る所で Gelfand 教授と個人的に議論する機会を持つことができ，幸運であったと思う．その間もおよそあの "yes, no or meaningless" のパターンの連続であったが，質問はストレートに技術的なレベルにまで入ってくる．自分の説明しようと思っていた内容など，"yes, no or meaningless" の 3 語だけでいつのまにかすっかり言い尽くしていて，それよりも遥かに多くのことを学んでしまっているのである．気がつくと，思いもよらぬ方向に話が展開していたりする．私は，これこそ「師」というものなのだろうとつくづく思った．

Gelfand 教授の日本滞在も終わりに近づき，東京大学でのセミナーの最終日のことである．セミナーを終わるにあたって P 教授が

「Gelfand 先生のセミナーに直接触れることができて，先生の数学のやり方がいくらかわかったような気がします．」

と挨拶をされた．これを受けて G 先生，例の調子で眼鏡をぐるぐる回しながら，いたずらっ子の面もちで，

「ふむ．私には，私の数学のやり方などわからない．わかったのなら，言ってみてください．」

P 教授もこれにはちょっと困った．傍にいた Q 教授が慌てて

「いやこれは，感謝の意を表わす日本的な言い方で，．．．」

と説明を始めると，そんなことは先刻ご承知の Gelfand 教授は，次のような話をされた．

「いや，本当は私は自分の数学のやり方を知っているんだ．今それを説明しよう．私は運命論者で，一生の間にひとりの人間が何をするかは運

命づけられていると思う．しかしそれが何であるかを知っている者はいない．預言者を信じてはいけない．預言者は神ではないのだから．だから私は，自分の感性の赴くままに，自分が面白いと思うことを，自分の好きなやり方でやる．それが私の運命であり，私の数学のやり方なのです．」

記録も残っていないので，文字どおりこう言われたか記憶は定かでないが，その言葉はひどく印象的であった．

Gelfand Monodromy（？）(梅田 亨)

　Gelfand 教授の来日及び講義についての記録は別項を見ていただくことにして，ここではいささか個人的な事も交えつつその事情を記しておきたい．

　本書に収録した一連の講義は来日すぐのもので Gelfand 教授も気を使っておられたのであろう．野海氏の記しているような Gelfand 流はまだ姿を現わさない．講義が魅力的だったことは言うまでもないが，一つ記録から省かざるを得なかった (寧ろ残せなかったと言う方が正確な) できごとは講義後行なわれた佐藤幹夫先生との議論であった．第一回目の超行列式の講義の後には概均質ベクトル空間の相対不変式との関係についてのコメントがあり，最後の超幾何函数 III の後には b-函数に付随する超幾何函数とのつながりを追究する一時間にも及ぶ議論が白熱した．その場に居合わせた者は偉大な二人の数学者のこのような姿を目の当たりにできた幸運を思ったに違いない．

　思えばここいらから運命が決まっていたのだ．

　Gelfand 教授の来日に際して招聘実行委員長の吉沢尚明先生は，私にもなにがしかの仕事を，特に講義の記録に関して，期待されていたようであった．しかし幸か不幸か文部省在外研究員として渡米が決まっていたので，それも Gelfand 教授の来日に合わせてぎりぎりまで講義に出席できるよう日程を変

更してもいたのだが，丁度本書に収められた講義を聴いたところで日本を離れた．そういう事情で講義録の作成の任務からは逃れ得たと信じていた．一年近く経って帰ってきた時にも，その作業は野海氏を中心に進められているものと思い，講義録ができあがる日を他人事のようにたのしみにしていたのだ．それが勝手な思い込みだと気付いたのは 1991 年の暮れ頃，野海氏の"吉沢先生にあわせる顔がない"などの弱気な言動に触れてしまった時だった．当時既に野海，若山の両氏と共同研究を始めていたこともあり，且つ鮮烈な記憶が残っている講義がそのまま打ち棄てられることになっては誠に勿体ないとの思いから若山氏も巻き込んで要らぬ苦労を買ってでたという次第．若山氏には或いは申し訳ないことをしたような気もする．

　野海氏も私も佐藤先生の講義録を作った経験はあったが，今回はロシア語訛りの英語の聞き取りを含む点をはじめ予想外の苦戦を強いられたのだった．手早く仕事を片付けて共同研究の障害を除こうとのもくろみも見事に外れ，その一方で得がたい経験をまた一つしてしまった．"講義録なんてホテルに泊まり込んでの缶詰でもしなければ完成しない"との野海発言をとらえて合宿を実現したのだが，その間三人とも Gelfand 口調がうつる程だった．

　さて，話を戻して Gelfand, 佐藤両先生のやりとりに強く印象を受けた私は渡米に際しての荷物に概均質ベクトル空間の文献を追加することにした．これが実際アメリカでの R. Howe 氏との共同研究の発端となった．更にその時の主題であった Capelli 恒等式をきっかけに野海，若山両氏との共同の仕事が始まったのはよかったが，めぐり巡って講義録を作ることにまでなろうとは．不思議な因縁だったのだ．（この項つづく ↓）

見えない力による Gelfand 追体験 (若山正人)

この講義録の作成は，私にとって充分意義深く楽しいものであった．実際，講義の追体験は，初体験のように，二度とは味わえない (もう一度味わおうたって，そうはいかない) 貴重なものとなった．というのも，私自身も実はこの講義録にある講義の全てに出席し，今思えば写し間違いも含め可能な限りはノートも取っていたのである．であるから，Gelfand 教授の姿とその場の雰囲気はかなり鮮明に記憶していた．それにも拘わらず，今回この作業を通じて，なんと「何にもきちんと分かっていなかった」ということが判明したのだ．テープを起こし，あれやこれやと考えてしばしば議論を交えながらの作業をとおし，「へぇー，こんなことも言っていたのか」と改めて感心することが度々あったのである．このことを白状しておくことは，一連の作業に幸運にも携わった者としての義務と思う．

理解というのもお粗末すぎるほど薄っぺらい理解が一定の水準にまで達し得たのは，ひとえに野海，三町の両氏が周囲の冷たい視線にもひるまずに講義録の作成の仕事を残しておいてくれたお蔭であるので，感謝したい．さらにまた，講義録作成者として有名な二人とやる作業は，共同研究の時とは一寸趣が違う味わいがあった．巧く言いくるめて，この仕事に誘ってくれた梅田氏にも感謝している．

(以下↑を承けて) ところで梅田氏の記にもあるように，些か因縁めいた共同作業になったのだが，一言その遠因について触れておくことにしたい．梅田氏が Gelfand の講義を後にして Yale に行ってすぐの 5 月末，偶然にも Mathematical Review より R. Howe 氏の不変式論に関する有名な論文のレビューの依頼が私のもとへ舞い込んできた．たまたま別の研究集会出席のため夏に渡米を予定していた折のことである．渡りに舟とはこのことで 1 週間ほど Yale に滞在し，Howe 氏本人と話す機会も得た．このようなレビューの仕事を通じて抱いた興味だったのだが，その一部分である Capelli 恒等式の量子群対応物の研究をその後試みることにした．Howe, 梅田両氏の共同論文も

Capelli 恒等式の発展形であるし，一方で野海氏は量子群の精力的研究の真只中でもあったのでこの三人が同じ興味のもとで集まるのは或る面で自然の成り行きだったともいえる．がしかし，それだって偶然の積み重ねの結果なのだ．そんなこんなで始まった共同研究ではあったけれど，気がついたときには既に，講義録作成の魔の手の中に自分もいた．

あとがき

　この講義録をようやく世に出すことができる．それは積年の思いからの解放と，それ以上にこの講義録の (原稿の) 存在を知っている少なからぬ人々の期待に応えることになるものだ．実は，例えば「講義録の編集を終えて」などを見ていただければわかるように，原稿は 1994 年頃には完成していた．講義が1989 年だったことを思えば既に 5 年も経過していて，当時は完成に対する圧力 (内圧，外圧) を受けかなりの努力を傾注したのだった．

　但し，芥川の警句にあるように，仕事は 99 パーセントをもって途半ばなのであった．今思えば，出版に際して，なぜそこから現在までの 20 年の時を要するのかは，おそらく誰が考えても答えるのが難しい謎である．部分的な言い訳を書いても真実は伝わらないだろうし，読者にとっても何ら実のある情報にはなり得ないので，敢えて省略するほかはない．

　ここまで時間が経ってしまっても，なお，価値のある講義録であることは，逆に年々認識が深まることであって，この時間を掛けて，「古典」としての歴史的価値の熟成と，真の創造的な数学の構築の確かさが証明されていく様子を見ることができた．数学それ自体と，それが生み出されていくその姿を同時に記録している講義録について，この時期に出版することのためらいはない．

　とは言っても，Gelfand も今はない．生誕 100 年，或いは，実際の講義から四半世紀などの区切りを目標に，出版社・関係者との調整を経て，ことが動き出すにも相当の静止摩擦に打ち勝つ必要があった．読者のご寛恕を請うとともに，ここにいたるに当たってご尽力いただいたすべての方々に，改めて心からの感謝を申し上げます．

2015 年 12 月

編著者一同

◆◆付 録◆◆

以下の付録には，『数学セミナー』の特集「数学の語り部たち」（2002年4月号）及び
特集「現代数学に影響を与えた数学者」（2010年5月号）から，2つの記事を再録する．
ゲルファントの生い立ちや業績を紹介するものとして，本講義録への補いとしたい．

◆◆付録 A ◆◆

ゲルファント ·······························若山正人

『数学セミナー』2002 年 4 月号特集「数学の語り部たち」より

オデッサからの大数学者

イズラエル・モイセーヴィッチ・ゲルファント (Izrail Moiseevich Gelfand) は 1913 年 9 月 2 日に旧ソビエト連邦ウクライナ州，黒海北部沿岸の町オデッサ (Odesa) のクラズニィ オクニ (Krasnye Okny) に生まれた．その地で中等教育を受けた後，16 歳の半ば頃，郷里を離れ遠い親戚の家で暮らすためモスクワに出た．1991 年の，雑誌『クバント (*Kvant*) 』[1] によるインタヴューの中で，ゲルファントは次のように語っている．両親からも離れたモスクワで，職もない身ではあったが，自分の体験を振り返ると，それは数学をやる上ではきわめて幸運だったと．さらにその理由を，グラハム・グリーンの小説『*The Loser Takes all*』のタイトルそのものだったからと説明している．生活のためにさまざまな仕事につきながらも，そのほとんどの時間をレーニン図書館で過ごしたという．図書館では，学校では得られなかった知識を得，不足していると思われた数学上の技術的な訓練をひとりで行った．やがてゲルファントは，レーニン図書館の貸出し係りの裏方で働くようになる．そしてそのころから，出会った数学専攻の大学生たちと話をするようになり，いつかそのなかの一人が示した有限差分の理論に現れる "$f(n+1) - f(n)$" という表示がゲルファン

トの心を強くとらえた．その様子を見ていた学生に勧められ，あるドイツ語の
差分論の書物を辞書を片手に読破したという．

　図書館で知り合ったモスクワ大学の学生についていき，ゲルファントはもぐ
りの学生のように数学の講義を聴講し，セミナーにも参加するようになった．
本人によれば，18歳の頃には，気づいてみたら夜間学校で数学を教えていた．
そして19歳には，コルモゴロフ (A.N. Kolmogorov) のもとでモスクワ大学の
大学院生になる．ゲルファントによると，それ以降の数学者になるための道程
はごく標準的なものになったという．しかしながら後で述べるように，たしか
に10代の経験が，その後のゲルファントの数学のやり方，また教育への関心
を引き出すもとになっている．

　ゲルファントの経歴や業績についてここで簡単に紹介しておこう．1932年
に大学院生となり，コルモゴロフに与えられた函数解析をテーマにし，1935
年にはモスクワ大学助教授，同年に『抽象的関数と線型作用素』を提出，38年
には『ノルム環』で博士の学位を得，43年には教授になり，91年までその職
にあった．その後アメリカに渡り，以後は東海岸にあるラトガース大学教授で
ある．1989年に京都賞を基礎科学部門で受賞した際の記録によれば，過去に
2度の赤旗勲章と3度のレーニン勲章，1978年にはイスラエルのウルフ賞を
受賞している．ウルフ賞にはいくつかの科学と芸術部門があり，そのなかには
数学部門もある．ゲルファントの受賞は創設された年であった．ゲルファント
とともにドイツのジーゲル (C.L. Siegel) も受賞した．もうペレストロイカま
で10年を数えるばかりという頃ではあったが，ソビエト連邦当局からの許可
がおりず，エルサレムには赴けなかった．そう言えば，同じ年のICM (国際数
学者会議) ヘルシンキでは，リー群の不連続群の決定に関するセルバーグ予想
の解決に対してフィールズ賞を受賞したマルグリス (G.A. Margulis) も，出国
許可が下りず，招待に応えられなかったという事件が残念な話題にのぼった．
その他，ゲルファントは世界各国のアカデミーの会員に列せられるほか，オッ

クスフォード，ハーバード，パリ，ウプサラ，ピサ，京都など各地の大学の名誉博士でもある．

大きな象

　ゲルファントの基本的業績の第一は函数解析の内容の革新であると言われている．函数解析は前世紀はじめに形成され，ゲルファントが研究を始めた頃にはすでに 30 年の歴史を持っていたが，その内容は抽象的な線型作用素の理論に留まっていた．しかしながら，その学位論文の中では，いまや素数の分布に関する素数定理の証明にも使えることで有名な，ウィナーによるタウバー型定理の驚くべき簡明な証明も述べられたりしていた．学位論文をはじめ，非可換位相環の研究は，函数解析のその後の発展を決定づけたものであり，「局所コンパクト空間はその上の連続関数全体がなす環できまる」などの定理を通し，代数幾何などの発展にも影響をおよぼした．また，対称性を記述するための数学や物理学では不可欠な，群の，ユニタリ表現論での先駆的かつ長期的視点に立った諸研究は巨大である．その研究対象は，行列群などから無限次元群にまで及び表現論や物理学の発展に重大な貢献をしたのみならず，数論や幾何学にも多大な影響を与えた．さらに，何人かの共同研究者とともに著した『超関数論』全 6 巻 [2] は，微分方程式，表現論，等質空間，積分幾何，保型関数，確率論をも含むいわば知識の宝庫のような著作群である．500 編をこす論文や著書に発表されたゲルファントの業績の深さと広がりはまさに驚異的であり筆舌に尽くしがたい．『多変数超幾何函数論』[3] にある吉沢尚明先生の「Geffand 先生の来日」という文章に次のようなくだりがある．

　　「…，京都賞授賞式に再度来日されたときのパーティーで，先生に話をしている人がいたが，あとで私に「あの人は私がどんな研究をしているのかと尋ねましたよ．なんと答えたらよいでしょうかね」と言ってこられた．私は，「自分は象だと答えられればよかったの

ではないでしょうか」と言ったが，その人と先生の問答を聞き逃したのは残念であった.」

　講義録の作成のため野海正俊さん梅田亨さんとテープ起しをしていたときにも，何度，ゲルファントのエレファントぶりを感じたことだろうか.

ゲルファント先生

　このような大数学者ゲルファントについて，その輝かしい業績とともに忘れられないのは，後進を育てる目を見張るような教育者としての姿である.

　たとえば 45 年近く続いたモスクワ大学での「ゲルファントセミナー」は，世界的にも固有名詞として定着するまでになった．その理由はおもに以下の 2 つによる．まず第一には，大学 1 年生と，すでに名声のある数学者が，毎週月曜日の夕刻——ほかのすべてのセミナーが終わってから——集まるセミナーをゲルファントが主催し続けたことだ．実際そのセミナーに参加した大学 1 年生のなかからは，ベルンシュタイン，カジュダンをはじめ何人もの錚々たる数学者が育ち，またそのような彼等もセミナーに参加したのである．2 つめは，ゲルファントのセミナーのやり方，スタイルにある．多くの人たちが集まるセミナーでは，仕事の動機を歴史的背景などを交えながら話し始め，主結果を紹介し証明の概略に入り，注釈を加えながら今後のことも述べるというのが通常である．しかしゲルファントはこれがお気に召さない．それは，国際高等研究所の招聘で来日した 1989 年に，おもに多変数の超幾何関数の講義やセミナーを通じて，個人的にも多く議論する機会のあった野海正俊さんが指摘している [3]．それによると彼のセミナー形式は，講演者が彼の質問に答える形で進めるのだ．必要ならゲルファント自身が前に出て説明をする．その雰囲気を伝えるためには野海さんによる「Gelfand の印象」[3] を読んで貰うのが一番である．ともかく，演壇に上がり，つるをもって眼鏡をクルクルと回しながら，いかにも愉しそうに説明をするゲルファントの姿はいまでも目に浮かぶ．筆者がプリ

ンストンに滞在中，幾度か訪れたラトガース大学においても，ゲルファントの
セミナーでは，大学1年生がいないことを除けば，以前からのスタイルが保た
れていた．全集[4]をひもとけばわかるように，このようなやり方を通して多
くの弟子たちとの共著論文が産まれた．共著の論文を書くことで学生の教育
ができるし学生からも学べる，というのはゲルファントの変らぬ考えのようで
ある．

　一方でゲルファントは通信制の数学学校を創設した．広大な国土をもつが
ゆえに，旧ソビエトでは大都市と地方での機会格差は著しく，国のすべての学
生に，数学の内容がいかに簡明で美しいか，数学がどれほど素晴らしいかをわ
かってもらおうとしても，十分な数の教師を揃えることは難しかった．しかし
本当は，どこの国でも，どんな地方でも数学に興味を持っている学生がいるは
ずだと信じるゲルファントは，数学に関心はあるが，住む場所のために書物に
恵まれず，よい先生に会う機会もほとんどない若者達に手を差し伸べるための
学校の運営を企てた．受け入れられる学生数はせいぜい1000人程度であった
ことやその趣旨から，モスクワや旧レニングラード，キエフなどの，必要なら
書物を手にでき，ときには数学者にさえ接することができるような大都市圏で
はなく，それ以外の僻地の町や村に住む，12歳から17歳までの学生だけに
対象を絞った．2冊からなる本はもっぱらこのような学生たちのために作られ
た．彼等はそのテキスト読んで問題を解き，解答を送り返すのである．採点を
することはルールで禁じられ，仮に問題が解けていない場合には，学生自身で
解決できるよう個別に指導した．現在邦訳されている『ゲルファント先生の学
校に行かずにわかる数学』[5]は，その通信制学校の教科書がもとになってい
る．その「はしがき」には次のようにある．

　　　「もちろん私達は，これらの本で数学を学んだ学生全員が，あるい
　　　は通信制学校を終了した学生全員が，将来数学の道に進むべきだ，
　　　と考えている訳ではありません．しかし，将来どのような道に進

んだにせよ，この経験で得たものは残りました．ほとんどの学生が，この学校ではじめて，ひとりで——まったくの独力で——，何かを成し遂げるという経験をしたのです．」

　ゲルファントの育った小さな町には学校といえば一つしかなかった．彼の数学の先生はコサック髭を蓄え厳めしくはあったが，ゲルファント少年にとても親切であった．後になって，より物知りでいろんなことができる先生にも出会ったが，彼ほどの先生はいなかったとゲルファントは述べている．その先生が，毎日のように励ましてくれたことに感謝し「教師のもっとも大切な役割は学生を励ますことでしょう」とインタヴューアーの同意を促している．町では数学の本はまったくなかったが，あるとき偶然ゲルファントは "高等数学" の書物の広告を目にした．きっと面白いに違いないと想像し，わくわくしたが，両親にはこれらの書物を息子に買い与えるお金がなかった．しかしチャンスはやってきた．というのも 15 歳のとき，ゲルファントは盲腸の手術のためにオデッサの病院に入院しなくてはならなくなったのだ．彼はこのときとばかり，その "高等数学" の本を買ってくれるまでは病院には行かない，そう言ったのである．その，ウクライナの工業技術専門学校で使われていた教科書は，入院中のベッドであっという間に (3 日間で) 終ってしまったが，たとえばそれまで，超越的で決して "公式" などでは与えられないと思っていた sin が

$$\sin x = x - \frac{x^3}{3!} + \frac{x^5}{5!} - \cdots$$

と "公式" で与えられることを知った．それまでの彼は，数学には，代数と幾何という 2 種類のものがあり，幾何は代数に比べてもともと超越的なものだと考えていた．というのも，たとえば円周の長さを求める公式には，π という "幾何学的な数" が入っているのだから．この $\sin x$ の級数表示を知ったゲルファントは，この 2 種類の数学の間に立ちはだかっていた壁が音を立てるように崩れていくのを感じ，それ以来，数理物理も含め，すべての数学の分野が一体と

なったと回想している.

このような体験を経たゲルファントは，書物や良い教師と出会う機会を持つことのかけがいのなさを肌で強く感じていたに違いない．1966年に作られたこの学校は，ソビエトにおいてその後できた通信制学校の先駆けにもなったようである．京都大学名誉博士号授与の際の記念講演のなかで，ゲルファントは述べている．「自分は学生を指導するとき，彼ら自身考えるべきことは何をやっているかということであって，やっていることにおいて自分がどれだけ優れているかなどではないと言います．」また，インタビュー記事のなかでは，およそ次のようにも述べている．「問題を解くことによって新しいことが習熟できることは多い．そして解けないときには答えを見ることも決して悪いことではない．答えから再構築の道を考えればよいのです．というのも，どんな問題に対しても，一般になんらかの仮説を立てて取り組むことが多いからです．数学の研究でも多かれ少なかれ答えを仮定したり推察した上で問題を解決する．実際これが，数学で仕事をするというのと入試のために問題解きの練習を行うのとの違いなわけです．これは私が，解けない問題に直面し答えが見たくて仕方なかったときに学んだ知恵です．」

オイラー–マクローリン–少年ゲルファントの公式！

さきにゲルファントが“差分”に強く反応したことを述べた．15歳で，郷里において独力で発見した，いわゆるオイラー–マクローリンの公式のことがあったのだろう．以前から間接的にはこの話を聞いていたが，ラトガースでお目にかかったときにも話題になったので紹介しておきたい．そもそもは放物線と弦に囲まれる図形の求積から，和 $S_0 = 1^p + 2^p + \cdots + n^p$ を求めようとしたことに始まる．すでにテーラー展開を知っていたゲルファントは問題を一般化した．x^p の代わりに一般の $f(x)$ に対する和 $S_0 = f(1) + f(2) + \cdots + f(n)$ を考えたのである．$F(x)$ を $f(x)$ の原始関数の一つとすると

$$F(2) - F(1) = f(1) + \frac{f'(1)}{2!} + \frac{f''(1)}{3!} + \cdots,$$

$$F(3) - F(2) = f(2) + \frac{f'(2)}{2!} + \frac{f''(2)}{3!} + \cdots,$$

$$\cdots\cdots\cdots\cdots$$

$$F(n+1) - F(n) = f(n) + \frac{f'(n)}{2!} + \frac{f''(n)}{3!} + \cdots.$$

これらを加えれば

$$F(n+1) - F(1) = S_0 + \frac{S_1}{2!} + \frac{S_2}{3!} + \cdots$$

となり関心の S_0 が現れる．ここで，

$$S_1 = f'(1) + f'(2) + \cdots + f'(n), \quad S_2 = f''(1) + f''(2) + \cdots + f''(n), \cdots$$

とおいた．そこでいま，上記の関係式を書き直すと

$$F(n+1) - F(1) = S_0 + \frac{S_1}{2!} + \frac{S_2}{3!} + \frac{S_3}{4!} + \cdots,$$

$$f(n+1) - f(1) = \qquad S_1 + \frac{S_2}{2!} + \frac{S_3}{3!} + \cdots,$$

$$f'(n+1) - f'(1) = \qquad\qquad S_2 + \frac{S_3}{2!} + \cdots,$$

$$\cdots\cdots \qquad\qquad \cdots\cdots\cdots$$

となる．これは，無限個の未知数 $S_0, S_1, S_2, \cdots$ の無限連立方程式である．幸いなことに，ゲルファントは無限次行列式にも出会ったことがあったので [6]，クラーメルの公式から S_0 を見い出すことができた：

$$S_0 = \frac{\begin{vmatrix} F(n+1) - F(1) & 1/2! & 1/3! & 1/4! & \cdots \\ f(n+1) - f(1) & 1 & 1/2! & 1/3! & \cdots \\ f'(n+1) - f'(1) & 0 & 1 & 1/2! & \cdots \\ \cdots & \cdots & \cdots & \cdots & \cdots \end{vmatrix}}{1}.$$

さてこの "分数" の分子の行列式を 1 列目に関して展開すれば

$$S_0 = B_0\{F(n+1) - F(1)\} + B_1\{f(n+1) - f(1)\}$$
$$+ B_2\{f'(n+1) - f'(1)\} + \cdots \qquad (*)$$

がわかる．ただし，$B_0 = 1$, B_1, B_2, $\cdots$ たちは無限次の行列式で与えられている．B_j の値を求めるためには，それが f の取り方によらないことに着目し，f として e^{tx} を取ればよい．じっさい $(*)$ に e^{tx} を代入し計算すると

$$B_0 + tB_1 + t^2 B_2 + t^3 B_3 + \cdots = \frac{t}{e^t - 1}$$

を得る．これら $B_0 = 1$, B_1, B_2, $\cdots$ は，ベルヌーイ数として知られている数であり，$(*)$ がオイラー–マクローリンの公式に他ならない．

　この発見後，ゲルファントはベキ和を基本対称式で表すニュートンの公式を導き，また，いよいよ「関数とはそもそも何か」という反省も始めた．だが，そして一家の困難な —— 彼でさえ数学から完全に遠退いた —— 半年間を経て，ゲルファントはモスクワへ旅立った．

[1] ロシア語の数学と物理の雑誌『*Kvant*』(英名 = *Quantum*) は，ゲルファントを認めてくれた師コルモゴロフ (と物理学者 I.K. Kikoyin) が 1970 年に創刊したものである．アメリカで発行されている 『*Quantum*』は，『*Kvant*』をもとに 1990 年に創刊された姉妹誌．主たる読者は高校の先生や高校生．このインタヴューは，『*Quantum*』誌 1991 年の Jan/Feb 号に出たもの．

[2] 『*Generalized functions*』全 6 巻 (第 1 巻のみ邦訳あり)．『数学のたのしみ』28 号 (2001 年 12 月) 所収の，岡本清郷「名著発掘」も参考にされたい．ゲルファントの著作では，他に『変分法』(ゲルファント–フォーミン著，関根智明訳，文一総合出版，1970) が邦訳されている．

[3] 『多変数超幾何函数論，I. Gelfand 教授講義』吉沢尚明・野海正俊・梅田亨・若山正人編．日本評論社 (近刊予定)

[4] 『*I.M. Gelfand Collected papers*』(全 3 巻)，Springer-Verlag, 1987–89 年

[5] ゲルファント他著，富永星・赤尾和男訳『ゲルファント先生の学校に行かずにわかる数学』「1. 関数とグラフ」「2. 座標」「3. 代数」．岩波書店，1999 年．

[6] 郷里で出会ったオデッサ教育大学で数学・物理を修めた人が携えていた，Kagan 著『*Theory of Determinants*』にあった．

◆◆付録B◆◆
ゲルファント 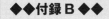 野海正俊

『数学セミナー』2010年5月号特集「現代数学に影響を与えた数学者」より

ゲルファントはエレファント

　ゲルファントは,「群盲と象」の譬え話がお気に入りだったらしい. 一人は足に触って大きな樹のようだと言い, 一人は鼻に触って蛇のようだと言った…. 1989年に来日したときの連続講義の中でも, この話を引合いに出しながら「超幾何函数はまるで象のようで, その本当の姿を説明するのは難しいことだ」と語っていた. 超幾何函数にはいろいろな側面があるが, その一つだけを説明しても, 超幾何函数について説明したことにはならない. いずれも重要なことで, どれが欠けても超幾何函数の全体像を理解することはできない.

　それを聞きながら, 聴衆の多くが「象」はゲルファントの方じゃないかと感じていたと思う. 語感も似ているし, ゲルファントはいかにもエレファントな数学者だ. つい最近になって知ったことだが,「ゲルファント」はイディッシュで「象」の意味なんだそうだ[*1]. あまりに出来すぎた話で, ちょっと唖然とした.

[*1] ウェブサイト [4] を参照. イディッシュは, ドイツ語系のユダヤ人の言語で, ドイツ語にヘブライ語やスラブ語を交えて, ヘブライ文字で書く.

少年時代

イズライル・モイセーエヴィッチ・ゲルファントは，1913 年 9 月 2 日，現在のウクライナ，オデッサ地方の小さな町に生まれた[*2]．少年時代のゲルファントについては，雑誌『クヴァント』のインタビューに応えて，13 歳から 17 歳までの時期にどんな数学に興味をもっていたか，彼自身が語っている [2]．

12, 3 歳の頃から，病気のときや長い休みを見計らっては，初等代数や初等幾何の問題集に取り組んでいた．幾何には代数では解けない問題があることを知り，円の弦と弧の比を 5 度間隔で表にしたことや，組合せの数と二項定理には強い感銘を受けて，長い間考えたことなどを語っている．長いコサック髭の数学の先生に気に入られて，この先生からは随分励まされた．あれ以上の先生にはその後出会っていないとゲルファントは言う．このような時期に敬愛すべき数学教師に出会って数学を志したというのは，多くの人が共有している体験だと思う．

15 歳のとき，盲腸でオデッサの病院に入院しなくてはいけなくなった．こぞとばかりに「数学の本を買ってくれなかったら入院はしない」と無理を言って，ウクライナ語の『ベリアエフ高等数学教程』第 1 巻を買ってもらった．盲腸の手術の 3 日後にこの本を手にしたゲルファントは，病室でその本とエミール・ゾラの小説を交互に読んで，9 日後に退院するときにはもう読み終わっていたという．

その第 1 巻の内容は，微分法と平面の解析幾何だったが，高級な大学数学から始めなかったのは，かえってよかった．この本から

$$\sin x = x - \frac{x^3}{3!} + \frac{x^5}{5!} - \cdots$$

のように三角関数が級数の形に代数で表わせることを学んだ．これは，自分に

[*2]ゲルファントの名前のローマ字表記は，古いものでは Izrail' Moiseevich Gel'fand だが，新しいものでは名が Israel となっている．

は天地が引っ繰り返るような出来事だった．それまでは，代数と幾何は別物で，幾何は超越的なものと思っていたのに，代数と幾何の間の垣根が崩れ落ち，自分の中で数学が一つになってしまった！

ほかならぬ，ゲルファントの言葉である．ゲルファントほど強烈に，数学は一つという信念を生涯持ち続けた数学者は，我々の時代にはいなかったのではないかと思う*3．

モスクワへ

ゲルファントはしばらく職業・技術学校に通うが，「私の家族を襲った生活上の苦境によって」1930年2月，16歳半のときから，両親と離れてモスクワの遠戚の家に住むことになる．定職もなく一時凌ぎの仕事で食いつないだが，大半はレーニン図書館へ出かけて，数学の本を読んだり，数学を考えたりすることに時間を費やしたらしい．一時期は，実際に図書館のカウンターで働いたこともあったという．

あるとき，いつものようにレーニン図書館で数学の本を読んでいると，モスクワ大学の数学の教授の目に留まり，その教授が数学の問題を何問か出してくれた．次に会ったときに解答を見せると，その教授は驚嘆し，是非大学の講義を聴きに来るように誘ったという．教授の出した問題には一つ未解決問題が含まれていたのだが，ゲルファントはそれも丸ごと解いてしまったのだ．その教授というのがコルモゴロフだった [4]．

その後，1931年18歳のときには，夜間学校で数学の代替教員を務めながら，モスクワ大学の数学の講義を聴講し，セミナーにも出席するようになる．そこで当時の「数学の新しい風」——証明の厳密さへの要求と実函数論への強い関心——に触れる．1932年，19歳のときには，モスクワ大学の研究生とし

---

*3 『クヴァント』誌の記事では，この後，オイラー–マクローリンの公式とベルヌイ数の母函数などを導いた自分流のやり方が語られている．さらに，モスクワに移ってから出会った数学や数学者のことへと話は進む．日本語訳は手に入りにくいかもしれないが，英語版は [4] で見ることができる．興味のある方は一読してほしい．

て，コルモゴロフの指導の下で函数解析学の研究を開始する．1935 年には学位論文を提出し，モスクワ大学の助教授となり，1938 年の博士論文が，可換ノルム環の理論である．

　モスクワ大学に受け入れられて以降のゲルファントの道程は，(少なくとも表向きは) 順調に見える．『クヴァント』誌のインタビューの中で，それをゲルファントは，グレアム・グリーンの小説の題名 "The loser takes all" (『負けた者がみな貰う』) を自ら具現しているように感じていると語っている．

多産で活動的な数学者

　ゲルファントは，20 世紀で最も多産な数学者の一人であったと思う．ゲルファント論文選集 [1] にある著作リストには，優に 460 余りの著書・論文が掲げられている．数学者であると同時に生物学者でもあった彼の論文集には，純粋数学・応用数学のほか，神経生理学・細胞生物学・サイバネティックスの論文が含まれている．

　MathSciNet[*4] を調べるとゲルファントの破格ぶりが良く分かる．1939 年のノルム環の論文に始まり，数学の著書・論文について 500 件を超える項目がある．研究論文としては，92 歳となった 2005 年に 5 編の論文が最新のものである (2010 年 3 月初旬現在)．70 年近い長期にわたって研究を継続しているのも驚異だが，単純な割算でも，1 年に約 7 編の論文を生産しなければ，この分量には達しない．ゲルファントは共著者が多いことでも有名である．ゲルファントにとっては「共著論文を書くことが，若い研究者を育て若い研究者から学ぶ唯一の方法だ」と聞いた記憶がある．

　ゲルファントの代表的な著書としては，『超函数論』(全 6 巻) 1958–1966 (シーロフ，ヴィレンキン，グラーエフ，ピャテツキ・シャピロ)，『判別式，終結式および高次行列式』1994 (カプラーノフ，ゼレヴィンスキー) などがある (括弧内は共著者)．ゲルファントは，世界各国のアカデミーの会員を務め，

[*4]アメリカ数学会による数学文献データベース．Mathematical Reviews のオンライン版．

ウルフ賞 (数学部門，1978)，ウィグナーメダル (1980)，京都賞 (基礎科学部門，1989) などを受賞した．またオックスフォード，ハーバード，パリ，ウプサラ，ピサ，京都の各大学から名誉博士号を授与されている．

1941 年に教授に就任して後，1990 年に米国に移住するまでの 50 年間にわたって，モスクワ大学教授として，研究と教育に精力的に取り組んだ．中でも，1943 年から 1990 年まで彼が主催した『函数解析セミナー』は，数多くの優れた数学者を輩出した型破りのセミナーとして有名である．毎週月曜，夕方から始まり，終わるのは真夜中で，皆が家路につくのにあたふたするというのは普通のことであったらしい．また，1967 年には論文雑誌『函数解析とその応用』を創刊し，少なくとも 80 年代まで編集に携わっている．当時の事情を知る方には書き残しておいて欲しいと思うが，この雑誌が (他のいくつかの数学論文雑誌と共に) 西側の数学者にとって，ソ連の数学事情を知るための貴重な情報源であったことは間違いない．

もう一つ，ゲルファントが青少年の数学教育についても熱心であったことにも触れておく必要がある．1964 年にペトロフスキーと共に，モスクワ大学内に全ソ通信数学学校を開設し，数学の書物や研究者に直接触れることの難しい地方に住む青少年を，通信教育を通じて啓蒙し，援助する活動を行った．この通信学校は現在も継続して活動しているようである．

ゲルファントの数学

ゲルファントの研究業績は，函数解析，表現論，微分方程式等を中心にきわめて広汎な分野に及ぶ．それを概観したり，数学の潮流に及ぼした影響を分析的に検討することなど，とても片手間にできることではない．ここで主な主題だけでも列挙しようといろいろ考えたが，恣意的にならないようにするには，結局，論文集 [1] 全 3 巻の項目を見てもらうのが手っ取り早い．

I：バナッハ空間とノルム環／微分方程式と数理物理

II： 表現論の一般的な問題／半単純リー群の無限次元表現／等質空間の幾
何学；球函数；保型函数／表現のモデル；種々の体の上の群の表現／
ヴァーマ加群；有限次元表現の分解／包絡環とその商体／有限次元表現
／半単純リー群と有限次元代数の直既約表現；線型代数の問題／無限次
元群の表現

III： 積分幾何／コホモロジーと特性類／汎函数積分；確率論；情報理論；計
算数学；サイバネティクス；生物学／超幾何函数の一般理論

　ゲルファントの研究の概要を知るには，日本語のものでは，京都賞のページ
[3] が参考になる．贈賞理由の中に，例えば「超関数論全6巻は，微分方程式
論，表現論，等質空間論，積分幾何学，保型関数論，確率過程論等をも含む有機
的結合体であり，さまざまな分野の研究者にとって知識の宝庫となっている」
とある．なお，論文集の第I巻には，ゲルファントの50歳，60歳，70歳のそ
れぞれの節目に書かれた業績の紹介が含まれている．2003年にはハーバード
大学で90歳記念研究集会が開催されたが，そのときにカジュダンが行ったゲ
ルファントの業績についての講演の記録が [4] にある．いずれも英文だが，興
味のある方はご覧いただきたい．

　筆者もゲルファントの数学に大きな影響を受けたと思ってはいるが，具体的
に内容を知っているのはほんの一部分で，それ以外については，自分の関心の
範囲で大筋を理解している程度に過ぎない．数学の研究に携わっている人な
ら，誰でも「ゲルファント–○○の定理」といった類を一つならず列挙できる
と思う．ゲルファントが数学全体に及ぼした影響はそれ程に大きいが，そのす
べてを総括するにはもう一人ゲルファントが必要になるだろう．

　群のユニタリ表現を始めとして，表現論へのゲルファントの影響は絶大だ
が，このテーマは専門の方に書いて頂いた方がいいので，ここでは，多変数超
幾何函数の理論について少しだけコメントしておく．ゲルファントは，1989
年に京都で行った連続講義の中で多変数超幾何函数の理論について，次のよう

な趣旨のことを述べている.

　ガウスの超幾何函数は,当時の特殊函数のほとんどすべてを内包するもので
あったし,微分方程式のモノドロミーの理論にせよ,保型函数の理論にせよ,
数多くの理論がそれを出発点として出てきたと言ってよい.表現論でも,2次
元の群の表現の行列要素はガウスの超幾何函数を用いて非常にうまく記述す
ることができる.もっと一般の場合にも通用するような超幾何函数を手にする
ことは,私の長い間の夢だった.最も一般的な超幾何函数の定義は,ある意味
では「超函数論」の第5巻 (1962) にもあるが,当時はまだこれが最良のもの
という自信がなかった.このような中,一般化された超幾何函数の研究を実際
に行った特筆すべき論文が現われた.それが,1977年の青本和彦氏の論文で
ある.この論文に出会って,1次函数の冪積の積分で与えられる函数こそが,
一般超幾何函数の定義にふさわしいという確信を得た.

　ゲルファント流の一般超幾何函数については,既に原岡喜重氏 (朝倉書店)
や木村弘信氏 (サイエンス社) の著書もあるので参考にしていただきたい.そ
の特性多様体の記述の問題から,行列式や判別式の拡張概念が生まれ,種々の
組合せ論との繋がりが生じたことは記しておきたい.超幾何函数は決して簡単
な対象ではないが,このゲルファントの仕事を機に超幾何函数の係わる数学が
多様化し,関連する研究者の数が大幅に増加したという印象がある.その意味
で,ゲルファントは超幾何函数の「大衆化」に貢献したと思う.

　無限と非可換はゲルファントのキーワードだと思うが,1990年代以降のゲ
ルファントの研究の中では,筆者はレタフと共に考察した非可換行列式に注目
している.この「準行列式」(quasi-determinant) は秀逸な概念で,もっと発
展させるべきものだろうと思っている.

1989年のゲルファント

　1989年にゲルファントは,2回来日している.1回目は3月15日から4月
14日の1か月間で,国際高等研究所と京都大学数理解析研究所の招聘で来日

京都でのセミナーの様子．左：ゲルファント氏，右：佐藤幹夫氏．（写真提供：高橋礼司氏）

したもの．その間，京都，名古屋，東京と移動しつつ，連続講義や多数の講演をこなしている．連続講義としては，当時開始間もなく，急速な勢いで発展する最中にあったゲルファント流の多変数超幾何函数の理論に関するものが主であった．また，京都大学で名誉博士号を授与され，そこで「科学における数学者の位置」と題する講演を行っている．2回目は11月6日から15日で，京都賞の受賞式と記念ワークショップのため京都に滞在したもの．その間に「人類の心理に存在する2つの原型（アーキタイプ）」と題する受賞講演と，「A判別式とその量子化」についての講演を行っている．翌1990年は京都で国際数学者会議が開かれた年，その翌年1991年がソ連崩壊の年である．

　1989年3月から4月にかけての日本滞在の間，筆者もゲルファントを追って京都，名古屋，東京と移動しながら，数多くのことを学んだ．そのときのゲルファントの強烈な印象を，以下に記しておきたいと思う．

Yes, no or meaningless

ゲルファントと接していて特に印象的だったのは，セミナーや議論のやり方である．研究の動機・問題の背景・主要結果の記述・証明についての註釈等々といった，お決まりの講演は嫌いらしく，ゲルファントの流儀はそれとは対極のものだった．

ゲルファント流のセミナーを図式化して実況中継すると，概ね次のような感じである．誰かが新しい仕事について話すとする．

G：何の説明も要りません．今日話したい結果の中で，貴方が一番大事と思う式だけ書いてください．

G：質問をしますから，「はい」か「いいえ」か「その質問には意味がない」のいずれかで答えてください．他の答えは要りません．では，始めましょう．

G：その式は○○についての，こういう事実を述べたものですね．

G：x とあるのは，○○ですね．y は○○ですか？

G：私なら○○○という風に証明するのが自然だと思いますが，貴方の証明もそのやり方ですか？

ここで，'yes' なら

G：なるほど．面白い結果ですね．

で終了．ここで 'no' であればようやく説明を求められる．

G：この結果はこういう方向に拡張されると思いますが，それについてのコメントはありますか？ (辺りを見回しながら) 誰かコメントできる人はいませんか？ では，私が説明しましょう．

ゲルファント本人が演壇に上がり，フレームの端を掴んで眼鏡をグルグル回しながら，いかにも愉しそうに説明が始まる……

最初は唖然としたが，何回も繰返すうちに，なるほどこれは効率的なセミ

ナーのやり方だと納得するようになった．モスクワのセミナーでも，こういう
やり方で無数の若い研究者と付き合ってきたのだろうと想像する．最初の式だ
けを見て 'interesting' の一言で終りになることもあるだろうし，人によっては
自尊心を傷つけられたと反撥するかもしれないが，相手がゲルファントだと，
素直に質問に答えようという気になるから不思議である．

　この 'yes, no or meaningless' 方式は，セミナーだけでなく，もっと私的な
会話でも踏襲される．公のセミナー以外にも，数理解析研究所のゲルファント
の部屋で，量子群関係のグループで小規模のセミナーをやってもらったことが
ある．量子群の部分群をどう理解するかが主題だったのだが，ゲルファント
は，普遍包絡環や群の座標環の q 変形について「quantum group という名称
は誤解を招く．q-group と呼ぶ方がいい」と盛んに主張していた．量子群と呼
ぶからには，その表現論が自然に特殊函数を生み出すようなものでなくては
いけない――という意味だったのだろうと思う．日本のグループが正にそうい
う仕事を始めていることを徐々に理解して貰えたらしく，日本を発つ頃にはゲ
ルファント自ら，量子等質空間といった表現を使うようになっていた．

　そんな事情もあって，セミナー以外でもいろいろな所でゲルファントと個人
的に議論する機会があったのは，筆者には掛替えのない貴重な体験だった．そ
の間もあの 'yes, no or meaningless' の連続だったが，質問は直ちに問題の核
心に迫り，技術的細部に入り込んでくる．自分が説明しようと思っていたこと
など，'yes, no or meaningless' の3語だけでいつの間にかすっかり言い尽して
いて，それよりも遥かに多くのことを学んでしまっているのだ．筆者は，これ
が「師」というものなのだろうとつくづく感じた．

運命論者

　ゲルファントの日本滞在も終りに近づき，東京でのセミナーが終わるにあ
たって，A 教授が

ゲルファント氏 90 歳記念研究集会にて (2003 年ハーバード大学).
左：筆者，右：ゲルファント氏．（写真撮影：落合啓之氏）

「ゲルファント先生のセミナーに直接触れることができて，先生の数学のやり方をいくらか分かったような気がします．」

と挨拶された．それを聞いた G 先生，例の調子で眼鏡をグルグル回しながら，

「そうですか．私には自分の数学のやりかたなど分からないんだが．私の数学のやり方が分かったのなら，言ってみてください．」

A 教授もこれには困った．傍らにいた B 教授が，「いやこれは，感謝の意を表す日本的な表現で……」と慌ててカバーに入ると，そんなことは先刻ご承知のゲルファント先生，次のような話をされた．

「いえ，私は，本当は自分の数学のやり方を分かっているんです．今，それを説明しましょう．私は運命論者で，一生の間に一人の人間が何をするかは運命付けられていると思っています．しかし，それが何であるかを知っている者はどこにもいない．預言者を信

じてはいけません．預言者は神ではないのですから．だから私は，
自分の感覚の赴くままに，自分が面白いと思うことを，自分の好き
なようにやる．それが私の運命であり，数学のやり方なのです．」

記録した訳ではないので不正確な部分もあると思うが，その言葉はひどく印象
的だった．

巨星逝く

昨年10月7日，『数学セミナー』の編集部から「ゲルファントが5日に亡く
なったとウィキペディアに出ているようですが，事情をご存知でしょうか」と
いうメールが入った．寝耳に水だったが，ウィキペディアには，情報源はゼレ
ヴィンスキーのブログとある．早速ゼレヴィンスキーに問合せのメールを出す
と，折り返し返事が来た．もう動かせない事実だ．

2, 3年前にもゲルファントが亡くなったらしいという噂があった．ロシア人
の知人に会う度に消息を聞いたのだが，誰も確かなことは知らない．1990年
以降勤めていたラトガース大学の数学教室からも名前が消えていて，ずっと気
に掛かっていたのだ．

1913年生まれのゲルファントは2009年9月で96歳．いずれこういう日が
来ると思ってはいたが，やはりしんみりとくる．数学の20世紀がゆっくりと
遠退いて行くような気がした．ゲルファントが示してくれた無数のアイディア
に思いを馳せながら，尊敬と感謝の念を込めて，冥福を祈りたいと思う．

[1] Izrail M. Gelfand: *Collected Papers* (ゲルファント論文選集，全 3 巻) S.G.
    Gindikin, V.W. Guillemin, A.A. Kirillov, B. Kostant, S. Sternberg 編, Springer
    Verlag. I: 1987, vi+883 ページ. II: 1988, x+1038 ページ. III: 1989, x+1075
    ページ.
[2] I.M. ゲルファント：「少年時代を語る」馬場良和訳，『BASIC 数学』1989 年 7 月
    号，4–12，現代数学社．ロシア語原文は『クヴァント』誌 1989 年 1 月号，3–12.
    英語版は *Quantum* 誌の 1991 年 1/2 月号，20–28.

[3] 京都賞のゲルファントのページ
http://www.inamori-f.or.jp/laureates/k05_b_izrail/prf.html

[4] I. M. Gelfand: Official Website (ゲルファントの公式ウェブサイトで，ゲルファント夫人 Tatiana V. Gelfand と娘の Tatiana I. Gelfand が運営しているもの.)
http://israelmgelfand.com/

JCOPY 〈(社)出版者著作権管理機構 委託出版物〉

本書の無断複写は著作権法上での例外を除き禁じられています．複写される場合は，そのつど事前に，(社)出版者著作権管理機構(電話 03-3513-6969, FAX 03-3513-6979, e-mail: info@jcopy.or.jp)の許諾を得てください．

また，本書を代行業者等の第三者に依頼してスキャニング等の行為によりデジタル化することは，個人の家庭内の利用であっても，一切認められておりません．

[監修]

吉沢尚明（よしざわ・ひさあき）

1923 年 10 月大阪市生まれ．京都大学名誉教授，岡山理科大学名誉教授．理学博士．京都大学理学部教授，岡山理科大学理学部教授，(財)国際高等研究所企画委員会委員長・同理事などを歴任．京都大学数理解析研究所所長を併任した．専攻は表現論，函数解析．

[編著者]

野海正俊（のうみ・まさとし）

1955 年 3 月宮崎県都城市生まれ．現在，神戸大学大学院理学研究科教授．理学博士．専攻は可積分系の代数解析，表現論と特殊函数．著書に，『パンルヴェ方程式』（朝倉書店），『オイラーに学ぶ』（日本評論社）他がある．

梅田 亨（うめだ・とおる）

1955 年 7 月大阪府豊中市生まれ．現在，京都大学大学院理学研究科准教授．理学博士．専攻は表現論，不変式論．著書に，『ゼータの世界』（共著），『ゼータ研究所だより』（共著，日本評論社），『代数の考え方』（放送大学教育振興会）他がある．

若山正人（わかやま・まさと）

1955 年 11 月大阪市生まれ．現在，九州大学マス・フォア・インダストリ研究所教授．理学博士．専攻は表現論，解析数論．編著書に，『ゼータの世界』（共著），『ゼータ研究所だより』（共著，日本評論社），『絶対カシミール元』（共著）『技術に生きる現代数学』（編集），『可視化の技術と現代幾何学』（編集，岩波書店），訳著に，『オイラー入門』（共訳，丸善出版）他がある．

た へんすうちょうき か かんすう　　　　　　　　　　　　　こうぎ
多変数超幾何函数──ゲルファント講義 1989

2016 年 6 月 15 日　第 1 版第 1 刷発行

監　修	吉 沢 尚 明
編著者	野海正俊＋梅田 亨＋若山正人
発行者	串 崎　浩
発行所	株式会社 日本評論社
	〒170-8474 東京都豊島区南大塚 3-12-4
	電話　(03) 3987-8621 [販売]
	(03) 3987-8599 [編集]
印　刷	三美印刷
製　本	松岳社
装　幀	海保透

ⓒ Hisaaki Yoshizawa, Masatoshi Noumi, Toru Umeda,
Masato Wakayama 2016　　　　　　　　　　　Printed in Japan
ISBN978-4-535-78769-8

微分積分講義［改訂版］

三町勝久［著］

10年の時を経て装いも新たに改訂。講義に即した解説や充実した補遺により、理工系に必要な微積分の基本事項がこの一冊で学べる。　◆A5判／本体2,500円＋税

目次
- 第1章　多変数函数の微分法
  1. 偏微分の計算に慣れよう／2. 函数のクラスを理解しよう　ほか
- 第2章　多変数函数の積分法
  1. 多重積分を理解しよう／2. 多重積分の変数変換に習熟しよう　ほか
- 第3章　微分積分の基礎
  1. 微分積分の基礎を理解しよう／2. 一様収束性を使いこなそう　ほか
- 補遺
  1. 微分(differential)について／2. 積分の計算について／3. ベクトル解析について／4. ロルの定理などについて／5. 多変数の微分積分は難しい？

佐藤幹夫の数学［増補版］

木村達雄［編］

現代日本が生んだ独創的数学者《佐藤幹夫》の仕事とあゆみを、さまざまな角度から多面的に描き出す著作選に、新たに4編を増補。　◆A5判／本体5,000円＋税

目次
- 第1部：自己を語る
  佐藤幹夫氏へのインタビュー［エマニュエル・アンドロニコフ］ほか
- 第2部：数学を語る
  現代数学を語る［佐藤幹夫・一松 信］／素数からみた数学の発展［佐藤幹夫］ほか
- 第3部：佐藤幹夫の数学
  佐藤超函数とは何か？［佐藤幹夫・木村達雄］／佐藤幹夫先生との会見──佐藤のゲーム、D加群、マイクロ函数、超局所計算法、など［佐藤幹夫・木村達雄］ほか
- 第4部：増補
  対談：数学の方向［佐藤幹夫・杉浦光夫］／超函数の理論［佐藤幹夫］ほか

シュワルツ超関数入門［新装版］

垣田高夫［著］

80年代に刊行された同名の名著の新装版。シュワルツが数学的に定義した「超関数」を、数理物理学で現われる偏微分方程式への応用も視野に入れて展開する。5章に実例を追加し、付録1をルベーグ積分の性質一覧に変更した。

目次
- 第1章　急減少関数とフーリエ変換
- 第2章　緩増加超関数とフーリエ変換
- 第3章　開集合上の超関数
- 第4章　古典的偏微分作用素の基本解
- 第5章　ソボレフ空間
- 付録1　本文で引用されたルベーグ積分の性質
- 付録2　位相ベクトル空間

◆A5判／本体5,300円＋税

日本評論社
https://www.nippyo.co.jp/